Rich致富373

東南亞獨角獸大商機

世界經濟版塊大洗牌！
放眼全球最具潛能的新創發展地，
各方投資湧入的關鍵吸金力

東南アジアスタートアップ大躍進の秘密

中野貴司、鈴木淳◎著

謝東富◎譯

高寶書版集團

前言

「在十年前，東南亞的新創企業都在模仿歐美國家的創業模式，如同完全拷貝的複製人一般，產業也因此如同沙漠般毫無生氣。不過在後續的十年間，在適應了當地的經濟、文化……等各式產業條件後，為數不少的變異體擺脫以往的束縛應運而生，如今具有獨特商業模式的新創企業正持續增加中。」

在造成世界劇烈動盪事件，也就是俄羅斯入侵烏克蘭的前一天（二〇二二年二月二十三日），我們與知名企業Insignia、Vensers、Partners的新加坡創業夥伴Yinglan Tan，於眾多摩天商業大樓林立的新加坡市中心，回顧過去十年間東南亞新創界的成長及改變。Yinglan Tan自己在創業前，是在直屬於首相管轄下的國家研究財團（NRF）工作，當時這裡被視為創業家及創業投資的沙漠，在這樣的情況下協助企業發展創業項目，且針對東南亞及中國的新創企業也著有著作，對於我們的主題根本就是完美的人選。

就如同Yinglan Tan所說，東南亞新創企業的蓬勃發展都是近幾年的事情，根據

DealStreetAsia的資訊，創立於二〇一三年的Lazada（新加坡的網路購物平台），是東南亞第一間市場估值超過十億美元的未上市企業，也就是所謂的獨角獸企業。不過與美國及中國相比，除了在具有潛力的企業數量方面有壓倒性的差距之外，東南亞的商業模式上大多都以複製世界成功企業商業模式及進口貿易為主流。

在二〇一八年，隨著成長茁壯的新創企業逐漸增加，世界上的投資者也漸漸將目光轉向東南亞市場。也就是在這一年，東南亞叫車服務平台的知名企業Grab，收購了同樣是車輛派遣服務平台的美國龍頭Uber Technologies的東南亞事業體。原本是複製商業模組如同「複製人」一般的Grab，卻在商業競爭中，成功併吞及收購元始商業模組的Uber，也應證了東南亞新創企業突飛猛進的事實。在這之後，Grab陸續將事業觸角擴展到餐飲配送、金融業務……等領域，變化為具有獨樹一格商業模式的「變種人」新創企業。

在二〇二一年東南亞共有二十五間新創企業成為市值超過十億美元的獨角獸企業，也就是從二〇一三年起至二〇二〇年為止，共誕生二十一間獨角獸企業且逐年增長，也代表著東南亞的新創企業界已經從草創期發展為成熟期。如同本書第七章提及以培養蝦子、螃蟹……等肉品開發企業Shiok Meats，在歐美國家投入許多較冷門產業的企業數量也不少。

二〇二二年一月在新加坡，由日本經濟新聞社所舉辦的座談會上，微軟（Microsoft）東亞的董事長Armando Lacerda指出，「滿足全部日常生活所需的超級APP、影片投稿

APP……等技術創新都來自於亞洲」，現今包含中國在內的亞洲已成為世界創新產業的發源地。而事實上，東南亞各國新創企業成為次世代的獨角獸企業的模式也日漸成形。

作者之一的鈴木淳於二〇一六年四月起至二〇二〇年三月止都待在印尼的首都雅加達，而另一位作者中野貴司則是二〇一七年四月至今都在新加坡工作，所以對於東南亞的新創企業的蓬勃發展，都能即時準確的獲得相關消息，更可以訪問到相較作者更為年經的創新企業經營者、幹部來分享宏大的經營願景及發展計畫，讓人不禁忘記這是在工作，反而獲得刺激又愉悅的經驗。

本書的內容多為兩位作者親赴東南亞的各地直接會面訪問而來，並盡可能的轉化為容易理解及分享的內容。

首先，序章會概述東南亞新創企業的現況，談及二〇二〇年起席捲全球的 Covid-19 新型冠狀病毒疫情，表面上造成東南亞經濟體沉痛的打擊，實則成為區域內數位化轉型、新興產業加速成長的契機。而在第 1 到 4 章，則會專注在 Grab、Sea、Gojek、Tokopedia 等代表東南亞新創企業的四個企業體的介紹及說明，Grab 於二〇二一年十二月於美國那斯達克證卷交易所上市，同一年 Gojek 及 Tokopedia 進行整併統合成為 GoTo 集團。這四章，會詳細地描述正以卓越且極快速度成長的上述三個集團與四間企業。

第5章及第6章則會就從背後支持新創企業的投資基金、大學……等角色進行取材訪問。新加坡政府是一個投資風格鮮明的政府單位，其中的Temasek Holdings、新加坡國立大學（NUS）……等單位，對於東南亞新創企業的成長及生態系行程的貢獻功不可沒。第8章則接續著探討財閥及東南亞新創產業的獨特生態系間的關係。

第7章則延伸第4到6章的主題，整合討論Grab、Sea、GoTo這「三大企業」，第9章進而探討可能遇到的問題，俄羅斯進攻烏克蘭的事件，造成世界政治經濟情勢巨大改變，也大大增加了未來的不確定性。而隨著世界的秩序變動，金融市場的物價變動也越發激烈，東南亞新創產業的資金調動及企業投資環境也受到急凍的衝擊，例如：Grab及Sea的股價，自二〇二二年後大規模的下跌，不過我們卻堅信中長期的趨勢是會向上成長的，也因如此，二〇二二年對於東南亞新創產業是極具試煉的一年。

其中序章、第1章、第2章、第5章、第6章由中野貴司撰寫，第3章、第4章、第7章、第8章、第9章則由鈴木淳負責。內容依照下列原則規範：職稱部分以取材訪問時為主並省略掉敬語、幣值匯率則以二〇二二年二月底作為基準。本書將針對讀者對於東南亞新創企業的關心進行深究，並加深日本企業及東南亞企業的連結。

目錄

第2章 Sea——「東南亞 Amazon」的實力

目錄

目錄

第6章 促進創業的生態系統

第7章 接續東南亞三大事業體，各國的新創企業

目錄

序章

乘載著東南亞成長的新創企業

因 Covid-19 疫情而遽增的宅配需求

二〇二〇年四月，因 Covid-19 疫情持續擴大，新加坡各區也實施實質上的 lock down（也就是所謂的封城）。也就是在這亞洲屈指可數，僅有東京23區面積大小、摩天大樓林立的金融中心都市，禁止非必要的外出，原本車水馬龍的大馬路上，完全看不到人煙。

在車流量銳減、杳無人煙的大馬路上，只有車尾裝載著綠色載運箱的摩托車的引擎聲迴響著。而在餐廳、路邊小吃攤等都被禁止內用的情況下，以綠色為代表色的運輸派遣龍頭 Grab 的司機們，不斷協助運送日益增多的餐食宅配需求。對於客戶來說，除了降低 Covid-19 感染的風險、早中晚餐持續協助運送的司機，也支撐著許多不煮飯的新加坡家庭。

在新加坡街上的 Grab 送貨員。（作者攝影）

而這個狀況不單單只是在新加坡，印尼的雅加達、泰國的曼谷、馬來西亞的吉隆坡……等東南亞各國首屈一指的大都市，就連過去與餐食宅配毫不相關的偏鄉城市、鄉村，所到之處無一不是同一個光景。在Covid-19疫情發生前，Grab及印尼的運輸派遣領導品牌Gojek的司機們都是以乘客載送為主要業務，在Covid-19疫情發生後，空蕩蕩的街道、杳無人煙，而司機們也迅速的將運送的對象從人轉變為食物及食品，並持續駕車奔馳於東南亞的街頭巷尾中。

兩年間，網路的使用人數增加八千萬人

世界各地的新興餐食宅配服務都急遽成長，例如美國的DoorDash、英國的Deliveroo等業者，雖然Covid-19感染持續擴大而造成封城，但他們都因此更加穩固了事業基礎、以及擴展了知名度，並相繼於二〇二〇年至二〇二一年股票上市。不過像英美這般先進國家以及持續數位化的中國等國家，與東南亞各國之間的數位市場成熟度依然有很大的差距。

英國市場研究公司Euromonitor International市場研究報告指出，二〇二〇年使用網路訂購餐食宅配的滲透率，美國及中國皆為21％，而東南亞則為11％，其中用數位錢包付款的佔比率，美國為82％、中國則為43％，這兩個皆為較高的佔比，反觀東南亞則為17％相對

較低。

不過，這其實意味著東南亞未來有很大的成長空間。根據美國 Google、新加坡政府所有的投資基金 Temasek Holdings、美國諮詢公司 Bain & Company 的調查，Covid-19 疫情發生前的二〇一九年，印尼、菲律賓、越南、泰國、馬來西亞、新加坡等東南亞主要的六個國家，網路的使用者總計只有三億六千萬人，雖然已佔了全部人口超過六成，但依然有約四成的民眾並未能觸及到網際網路。

而在疫情持續擴散的二〇二〇年，東南亞六國的網路使用人數增加四千萬人，二〇二一年再進一步增加四千萬人開始使用網際網路，截至二〇二一年東南亞六國的網路使用者增加至四億四千萬人。也就是說，在疫情的這兩年間，約增加了如同三分之二日本人口數的網路使用者。自二〇一五年的兩億六千萬人至二〇一九年的三億六千萬人，平均一年約增加兩千五百萬人的網路使用者，而在疫情之下，因各國政府限制人民移動，過去不曾使用網路的民眾也不得不開始使用網際網路，區域內數位化的發展也因此發生大幅度的成長。

不光是只有接觸網際網路而已，二〇二一年四億四千萬的網路使用者中，約有八成也就是三億五千萬人至少透過網路購物一次以上、使用過網路上的付費服務，而在這三億五千萬人中的六千萬人是二〇二〇年以後，因為疫情才初次使用網路進行購物的消費者。

民眾透過網路進行購物也並不完全是因為疫情才造成的，各自在網路上進行付費服務的消費者人數也持續的增加。根據 Google 等網路平台的調查，疫情前後相比，東南亞消費者平均每人增加使用了三點七次的網路付費服務。

在新加坡的廣告、市場營銷公司工作的約瑟芬．周（四十歲）就是典型的例子。周平常使用的 APP 有提供車輛派遣服務的 Grab、能夠進行網路購物的蝦皮及 Lazada 以及 Amazon、日常超市購物的 Fairprice、購買蔬果的 Fruitworks、時尚潮流衣物的 Uniqlo 等二十多種 APP。其實周在疫情前，常用的 APP 只有約五種而已，隨著疫情的影響，外出活動受到限制，消費行為也產生了很大的改變，約瑟芬．周也說到：「在 Covid-19 疫情以前，我約有 65％的東西在網路上購買，35％的東西則會到實體店鋪購買，而在 Covid-19 疫情的影響下，95％的購物都在網路上完成。」

對於沒有在開車的周來說，網路上購物能節省許多時間，也讓他再次感受到網路購物的便利。「因為疫情造成的活動限制，95％的物品會在網路上購買，而在下單當日就會配送到自己的家門前，因此也完全不需要囤積物品，而且如果配送的商品有汙損的話，也可以立刻要求退貨。」

數位化市場的變化，三個關鍵字

新加坡遊戲、網購龍頭企業Sea的首席經濟學學者聖泰坦・薩提拉泰表示疫情為東南亞的數位化市場帶來的變化，可以用三個關鍵字來說明。

第一個關鍵字就是網路使用的「標準化」，許多的消費者最初都是因為疫情導致的封城，而被迫開始在網路上訂購商品及需求餐飲外送服務，反覆操作使用下也漸漸開始習慣，甚至能夠享受其帶來的好處，其中以高齡者以及住在偏遠鄉鎮的人們為大宗，比起去街道中的小商店，變成會先在網路上進行商品及服務的搜尋，而這股風潮也在疫情所造成的活動限制趨緩後持續進行下去。

第二個關鍵字就是網路使用的「深化」，對於智慧型手機已經習慣的東南亞消費者來說，使用網路已經不是單單為了購買物品，更是成為使用聊天功能與賣家聯絡交貨、透過遊戲持續與朋友保持聯繫的娛樂場所。

根據英國市場研究公司We Are Social二〇二二年一月公布世界各國國民使用網際網路時間的調查，菲律賓國民平均每天使用網際網路的時間為十小時二十七分鐘，僅次於南非，而馬來西亞為九小時十分鐘、泰國為九小時六分鐘、印尼為八小時三十六分鐘，在全世界的排名中都位於前段班，也足以說明東南亞各國的國民，起床後有一大半的時間，都在使用手機或是盯著電腦螢幕看。[1]

然後，日本國民平均一天使用網際網路的時間為四小時二十六分鐘，不只是低於東南亞各國，與世界各國平均六小時五十八分鐘也相差甚遠。

除了上述兩點之外，薩提拉泰所提到的第三個關鍵字「偏鄉城鎮的都市化」，不管是住在偏鄉的人們與大城市的市民都能夠購買相同的商品、獲得相同的購物體驗，現實中物理距離的差距也因此消失不見，曾經必須搬去城市居住的理由好像也變得沒那麼重要了。

就連Google的調查報告也顯示，疫情發生後開始在網路上購物的民眾中，有半數以上的民眾是住在大都市以外的偏鄉城鎮，薩提拉泰指出，「不只是年輕人，對於包含高齡者在內的東南亞消費者來說，網際網路已經是生活中不可分割的一部分，在Covid-19疫情造成的行動限制結束後，上述這三點的改變還會永遠持續下去。」

帶動市場急速成長的三大事業體

東南亞數位化經濟市場的擴大發展，才正要開始動蓬勃發展。根據Google等網路平台

1 編按：台灣二〇二二年的數據為每天八小時七分鐘。

資料，東南亞數化經濟市場規模從二〇二二年一一七〇億美元，到了二〇二五年預計擴展三倍至三六三〇億美元，其中各領域佔比，以網路銷售二三四〇億美元佔總額近三分之二為最大宗，而因為疫情而大幅度萎縮的旅行相關網路服務，於二〇二五年也會更上一層樓，超過疫情前的三四〇億美元，上升到四三〇億美元。而佔四三〇億美元的線上音樂平台（Online media）及佔四二〇億美元的車輛派遣、餐食宅配服務也都穩健成長中，不管是哪一個領域二〇二一年至二〇二五年的年平均市場成長率都高達18-36%。

而若是以國別來區分的話，具有東南亞最多人口的印尼佔總體經濟市場的四成（一四六〇億美元），近年經濟顯著成長的越南（五七〇億美元）、泰國（五六〇億美元）也緊隨其後。而印尼及越南等國家也不單只是人口眾多而已，將網際網路視為日常生活不可或缺的年輕人更在人口中佔有很高的比例，也成為數位化經濟市場高度擴展的主因。推估二〇二六年後，東南亞數位化經濟市場也將進一步拓展，二〇三〇年將達到七千億到一兆，市場規模超過二〇二五年的兩倍以上。

而在這邊有一個特別想提到的狀態，這些數位化經濟推手大多是成立十年左右的新創企業，就如同經營線上中古車買賣平台新加坡的 Carro 以及馬來西亞的 Carsome，而若是提到線上旅行預約服務則有印尼的 Traveloka 等企業。

而這些網路購物商城也不是單單只有提供購物的服務，創新的服務如雨後春筍般推出，慢慢滲透進消費者的生活中。其中以東南亞為發展重心，專注於提供個人網路購物服務的免費購物應用程式（Free Market APP）的 Carousel，更被譽為亞洲版的 Mercari[2]，而除了 Carousel，總部同樣位於新加坡的 ShopBack 正在經營著提供網路購物消費者一定比例現金回饋的服務，包括泰國、菲律賓等十個國家都可以看到這間新加坡企業體的足跡，各關係企業用戶總數更是超過三千萬人。

而透過網際網路的遠距醫療市場，也因為的疫情而迅速發展。其中印尼的 Halodoc 及新加坡 Doctor Anywhere 也漸漸在遠距醫療市場中竄出，年輕企業家們以海外最新的數位化市場方向為發展基礎，考量社會大眾的需求進行調整及開發，為遠距醫療注入全新的活力。

而這些東南亞的新創企業中，最具代表性的企業分別是新加坡的車輛派遣服務業的龍頭 Grab、知名網路販售平台 Sea 以及統合印尼知名車輛派遣服務公司 Gojek 與大型銷售通路 Tokopedia 合併的 GoTo 等三大集團事業體，而上述三大事業體不管是在商業模式、企業文化、創業背景及經營風格等部分都不盡相同，且不管是哪一個集團都具有多個主要事業體，也確立了消費者日常生活中不可或缺的「生活服務整合平台」的地位。

而其中最早上市櫃的 Sea，二〇一七年於歐洲股票交易所上市，到了二〇二一年的股票

2 編按：是一家日本網路公司，以營運同名的網路二手交易平台「Mercari」為主要業務，是日本最大的網路二手交易平台。

總價甚至超過二十兆日元。Grab則於二〇二一年十二月美國那斯達克股票交易所上市，至於GoTo則在二〇二二年四月於印尼的股票交易所上市，上述三個集團事業體的商業模式、經營策略等部分將會在第1至4章進一步的詳細介紹、帶大家一探究竟。

遠高於日本市場的資金投資規模

投資者的資金會流入聚集眾多具有遠景企業的市場，這是非常自然的道理。根據DealStreetAsia的調查，二〇二一年東南亞創新企業的投資金額達到二五七億美元的規模，比起二〇二〇年九四億美元的投資金額，二〇二一年資本家投入的資金基礎成長約二點七倍。

Uzabase的報導指出，二〇二一年日本創新企業的資金投資規模比前年約成長46％來到七八〇一億日元的水位，而東南亞國家協會中，十個國家的國內生產毛額GDP的總額約為日本總額的六成，不過也能清楚了解到東南亞新興產業市場資金投入的規模遠高於日本市場。另外，根據美國National Venture Capital Association（NVCA）等的調查，二〇二一年美國創新企業的資金投入總額約為三二九六億美元，約為東南亞市場十倍的規模。

雖然不像美國有矽谷這樣成熟的系統可以支援創新企業成長，相較之下東南亞仍有非常大的差距，不過東南亞憑藉著其在亞洲中相對有利的位置，再加上二〇二一年起，中國當局對於包含創新企業等的ＩＴ技術產業加強管控，也使得投資家對於投資中國市場變的更為慎重，而原先投入中國市場的資金也轉而投入東南亞市場，讓中國與東南亞市場的差距進一步的縮小。

想要深刻了解東南亞新興企業的魅力，其實只要看主導世界創新產業的美國巨擘企業的動向就可以一知分曉。二〇二〇年十一月微軟發表與印尼網路購物通路知名企業 Bukalapak 成為商業戰略上的夥伴，並投資 Bukalapak 總額一億美元的資金、卻並未要求成為其企業的董事，不只提供雲端服務，更協助 Bukalapak 的員工及上下游廠商學習數位技術。

Bukalapak 是一間具有超過一千三百萬間中小型企業作為其上下游廠商，更具有超過一億以上個人用戶的網際網絡平台，對於微軟來說提攜 Bukalapak 成為商業戰略上的夥伴，也意味提供了與 Bukalapak 的上下游廠商、消費者網際網絡平台接觸的渠道。

在同一年二〇二〇年的六月，Facebook（現稱 Meta）與美國知名線上支付企業 Paypal 攜手為 Gojek 注入基金，而 Google 的投資對象不只是 Gojek，而是將資金同時投入同屬 GoTo Group 的 Tokopedia。

投入巨額資金的日本企業追求的目標

東南亞的新創企業與日本企業具有非常深的淵源，例如：以 Grab 來說，自二〇一四年起由孫正義會長所率領的軟銀集團就對其持續投資，在二〇二一年四月上市前，軟銀的出資佔比甚至曾達到21．7%。而 TOYOTA 自動車及三菱銀行則分別於二〇一八年投入十億美元及於二〇二〇年投入七六〇萬美元，日本代表性的企業及金融機關等都爭先恐後的將資金投入 Grab。

對於日本企業來說，投資如同 Grab 這類東南亞創新企業的目的，並非僅僅在企業順利成長茁壯後，將股票銷售賺取獲利這麼簡單，與自身本業互助、互相加乘這一目的顯得更為重要。也因為 Grab 的事業版圖拓展至東南亞八國，掌握巨大的消費者資料，成為與 Grab 合作莫大的魅力之處，也因此造就其與 TOYOTA 自動車在車輛派遣領域的合作以及與三菱銀行在金融業務上合作等狀況，企業未來的成長也確確實實的建立在東南亞的成長之上，而對於 Grab 來說，與已有成熟技術及知識等日本大企業合作，也成為協助其加速成長的重要夥伴。

進一步來說，日本企業與東南亞新創企業的合作也是帶動自身企業文化改革的重要契機。日本企業長久以來創新能力疲軟衰弱，以及眾多日本企業遵循根深蒂固的資歷制度及終身雇用制度等傳統日本企業文化，對於人工智能（ＡＩ）等最新技術的導入、全球日新月異的產業創新都是速度過於緩慢且缺乏競爭力的。

另一方面，東南亞新創企業從領導階層到員工都非常年輕、穿著T-Shirt及牛仔褲的便裝、不分工作日與休息日的勤奮工作著，且不乏具有美國頂尖大學、碩士留學經驗，同時精通英語、中國話等多種語言的幹部。透過企業投資成為股東，借調年輕社員以吸收企業成長創新的泉源，並檢視東南亞新創企業來發現自身企業的革新性及可能性，而並不大規模的施行，而是自小地方向借調男女幹部們汲取及學習。

東南亞遠勝美國及中國的可能性

美國擁有至今為止世界最大、人才及資金都非常豐富以矽谷為中心的新創產業聚集中心，日本企業若是想在這佔有一席之地是非常困難的。而與美國並列世界兩大強權的中國，也因為中國共產黨將其政治意向更強烈的反應在產業的各種規範上，也造成日本企業對於中國市場的投資變的日漸困難。而在全球各市場中，東南亞市場成為日本企業為數不多能夠與當地新創企業合作、造就雙贏局面、建構利益共享關係的地區。

雖然東南亞國家協會加盟國的十個國家合計人口數為日本人口數的五倍以上約為六億

六千萬人，不過加盟國合計的國內生產毛額GDP的總額卻只有日本總額的六成約為三兆美元（二〇二〇年），而平均國民生產毛額每人更只有四五〇〇美元（二〇二〇年），更只有達到日本的九分之一的程度，若是再將平均國民生產毛額比日本高的新加坡及天然資源豐沛的汶萊排除的話，東南亞就如同新興市場國家的集合體一般。

不過東南亞國協與金磚五國中的中國與印度一樣，有彼此相鄰的特殊地理位置，也造就了東南亞國協各國不管是在物流、人流……各方面都成為這兩大國的重要集散樞紐，而東南亞國協也憑藉著具有高度成長力的印尼、越南、菲律賓等國家，預計於二〇三〇年一躍成為繼美國、中國、歐盟（EU）之後的世界第四大經濟體，而在這蛻變的過程中，最新的技術、服務更將以飛快的速度在東南亞各地快速普及，就如同蛙跳般一蹴可幾。

而上述現象的重要關鍵就是東南亞各國的新創企業，目前持續成長中的新創企業將會進一步的增加其存在感，想當然耳在經濟、社會等重要領域上都佔有一席之地，市場預估二〇三〇年包含就連現在都尚未成立的新創公司，都將像二〇一〇年尚未設立的Grab及沒沒無聞的Sea、Gojek般，在不遠的將來為東南亞市場捲起變革的風暴。

下一章開始，將會詳細的介紹東南亞新創企業的發展狀況以及支撐其快速拓展的投資者、學術單位等的全貌，並盡力描繪出東南亞市場其特殊的活力及發展性。

第1章

創立十年即在美國上市

那斯達克股票交易所上市的瘋狂

二〇二一年十二月二日的晚上，新加坡中心區高級飯店「香格里拉」舉辦過許多場國際重要會議，位於飯店一樓的會議廳「Island Ballroom」內，聚集著數百位穿著 Grab T-shirt 的男男女女們，雖然在疫情的規範下，出席人數被嚴格的控管、會場的座位也都間隔一公尺以上，不過仍無法澆熄會場內充斥著眾人敲打樂器及歡呼的聲音，情緒高昂到趨近瘋狂的熱情。

這一天是新加坡車輛派遣龍頭企業 Grab 與美國知名投資企業 Altimeter Capital 的合併案通過（透過以特別收購為目的的公司 SPAC 來執行），於美國那斯達克股票交易所上市的日子。在香格里拉飯店舉辦的就是上市紀念活動，受邀的包括 Grab 的員工、提供車輛載送服務的司機、合作餐食宅

在新加坡舉辦的 Grab 上市紀念儀式（2021 年 12 月 2 日）（Grab 提供）。

配服務的夥伴及餐廳的相關工作人員等。正常來說，在美國那斯達克股票交易所上市的時候，上市企業的幹部都會前往紐約參與上市儀式，不過 Grab 的共同創辦人陳炳耀及陳慧玲等幹部都選擇留在新加坡的上市紀念活動，為了與一路共同努力的辛苦員工、司機們一同慶祝。

由陳炳耀代表在台上與大家打招呼及發表演說：「今晚全世界的目光都將聚焦在東南亞，我們迎來史上東南亞企業首次在美國那斯達克股票交易所舉辦上市儀式，憑藉著東南亞六億六千萬人之力孕育而生的科技公司，世界將持續的關注著我們。」可能因為太過感動，發表演說的過程中甚至哽咽失聲。

隨著儀式現場的倒數計時，晚上十點十八分，Grab 於美國那斯達克的股票交易正式開始，遠在一萬五千公里以外的紐約市中心時代廣場的螢幕上正投影著 Grab 上市的字樣，也成為讓二〇二一年於馬來西亞發跡的新創企業，一躍成為世界投資家眾所皆知的瞬間。

如果沒有這些超級 APP，生活上會很不方便

Grab 的事業版圖橫跨新加坡、印尼、泰國、越南、馬來西亞、菲律賓、柬埔寨、緬甸等東南亞八個國家。首先於各國首都插旗，然後不僅僅拓展至大都市，更將觸手延伸到地

方小鄉鎮，超過四百個以上的城市能夠使用 Grab 的服務，而涉及的領域也不只是創業初期的車輛派遣範圍，更進一步拓展到餐食及生活用品的宅配以及線上金融支付等眾多領域。

如果是生活在東南亞的話，更是完全脫離不了 Grab 的 APP，不管是在路上移動，還是想要訂購麥當勞這類速食店的外送服務，又或是在折扣量販商店及唐吉軻德訂購食材宅配到府，都能夠輕鬆在家中透過 Grab 的 APP 下單，簡單幾個步驟就能夠完成線上支付，就連住家附近的小型蔬果店，都看能在收銀檯看到標示著 Grab 數位錢包結帳的標示，所以才說只要打開 Grab 的 APP，日常生活所需大部分都能搞定，這也是為什麼 Grab 被稱為 Super APP。

而光是要在有著眾多民族、複雜的宗教以及國民平均所得差異非常大的東南亞拓展事業版圖、迎合各式各樣的需求，就需要下好一番功夫。例如：餐食宅配方面需要設有多種專區，有專門為伊斯蘭教徒設立清真教餐飲專區、以及被米其林指南推薦的餐飲專區等。

到二〇二一年止，日常生活中有在使用 Grab 服務的使用者約有兩千四百萬人，而若是根據 Grab APP 的下載次數，同年一月止更累計超過兩億一千四百萬的下載次數，若是單純就數字來計算的話，更幾乎等於東南亞國家協會總人數六億六千萬的三分之一，也讓我們了解到 Grab 的服務在東南亞市場的普及率。

在哈佛大學相遇的兩位共同創辦人

二〇〇九年，也就是 Grab 創立的兩年前，Grab 兩位共同創辦人於美國哈佛大學商業管理研究碩士留學期間相遇。其中陳炳耀是馬來西亞汽車製造知名企業陳唱集團的富二代，創業前在父親的公司負責市場營銷等項目。

而另一位創辦人，陳慧玲則出生於吉隆坡平凡的中產家庭，兩人相遇前正在知名管理諮詢公司麥肯錫公司工作，並獲得公費派遣留學的機會。而陳慧玲共同創辦人也在二〇一六年日本經濟日報的採訪中坦承「因為與陳炳耀生長環境實在是差太多了，所以一開始就有『他是個有錢討人厭的公子哥』先入為主的觀念」。

而我對於直接採訪兩人的印象則是，兩人皆具有能夠積極客觀的看待事物、保持開放態度的性格。陳炳耀具有像在上市紀念活動中真情流露落淚那般熱情奔放外向的性格，也具有極高的親和力、讓年長經營投資者都喜歡的一面。而在當面採訪詢問到嚴峻問題的時候，都會以笑臉閃躲問題、讓人摸不著他內心的想法，但還是感受到他是非常有實力的。

而另一位共同創辦人，陳慧玲則是理性派的，回答採訪的問題總是能夠據實以告、提供邏輯清晰的答覆。不過在工作上總是非常嚴格且追求目標結果，根據某位曾與陳慧玲共識經驗的日本企業幹部一邊苦笑一邊回憶這段經驗：「陳慧玲對於工作上的各種課題是容不下任何僥倖、一切都需要追根究柢。」

這樣個性天壤地別的兩個人，共同志向、攜手創業的契機是在哈佛大學商業管理研究碩士（MBA）課程「BOP（Base of pyramid）商業」的課堂中，兩人剛好比鄰而坐。這堂課的主題正是作為企業如何在追求企業利益的同時，達到企業社會責任，而兩人腦中立刻浮現出的是家鄉馬來西亞計程車的現況，在車輛派遣服務並不普及的當時，計程車故意繞遠路來收取昂貴車資的事件屢見不鮮，對於女性乘客來說，更是缺乏清潔的環境及人身安全的保障。陳慧玲提到，「馬來西亞計程車的服務品質大概就是，如果在Gooogle上搜尋『世界上最差的計程車』，非馬來西亞莫屬。」而在業界都不斷地討論著到底該如何去改善這個狀況的前提

Grab 的共同創辦人，陳炳耀（右）與陳慧玲（Grab 提供）。

下，兩人都發現透過商業介入是讓社會變得更好的唯一解方。

而兩人在這堂課程的主題也確立是為了解決馬來西亞交通安全的車輛派遣服務 APP 創業計畫書，在校內競賽中奪得第二名的成績。畢業後的兩人回到馬來西亞，並決定要將在哈佛大學時的紙上談兵化為現實，二〇一一年七月開始以 My Teksi 公司的名義開始進行企業活動，不過就如世界上大部分的創業家相同，是一家創業初期都是窩在跟親友借的倉庫內，不斷反覆嘗試調整應用程式的超小型規模的公司。

併購 Uber 所帶來的衝擊

雖然現今的東南亞社會，車輛派遣服務已變成連偏遠鄉鎮都不可或缺的交通方式了，不過在他們創業當時，東南亞大部分的人們不僅僅是不熟悉透過智慧型手機的 APP 自己輸入想搭乘去的目的地，更別說是想到有除了計程車以外的車輛派遣服務了。

而兩人首先針對創建車輛派遣服務平台不可缺少的部分著手，也就是需要擁有大量的司機。他們來到聚集著許多司機休息及用餐的路邊攤街上，一位一位去跟司機去搭話，並熱心的協助不習慣使用智慧型手機的司機，針對 APP 的使用方法、車輛派遣的模式等提供詳細的說明、引導他們熟悉及使用。

兩人經過在哈佛大學與世界各地的新創企業潛力股們切磋琢磨，並不打算只將這個隱藏著巨大商機的商業模式侷限在馬來西亞，所以在公司成立的隔年，二〇一二年六月起就開始在馬來西亞提供車輛派遣服務，並在一年後也就是二〇一三年的七月將服務擴展到菲律賓、同年十月則進一步拓展到新加坡及泰國，在二〇一七年十二月更是在柬埔寨插旗，達成將版圖擴及東南亞國協主要八國的規模。

Grab 作為發跡東南亞的新創企業中最具知名度的企業之一，以車輛派遣服務鞏固自己的企業地位，二〇一八年三月更收購美國車輛派遣服務龍頭 Uber Technologies 的東南亞事業體，至此大家開始稱 Grab 為「東南亞的 Uber」，有時甚至會戲稱山寨版打贏原版，而 Grab 將「原創的」的 Uber 東南亞事業體收購這件事，對於許多 Grab 的社員來說都是始料未及的事情呢。

因實現這件預想不到的成就，也讓 Grab 東南亞車輛派遣服務龍頭的地位更加穩固，不過就在收購消息發表不久後，新加坡競爭與消費者委員會裁定此項收購可能有違反競爭法，菲律賓競爭與消費者委員會也認定此項收購可能有違疑慮，要求在競爭法相關的審查結束前，暫停兩家企業的合併程序，也為兩間企業的合併帶來非常大的衝擊。

以 Grab 的角度來說，收購一直彼此激烈爭奪著顧客、司機的競爭對手 Uber 東南亞事業體，車輛派遣服務事業的競爭得以緩解，也藉此提高營業利益。根據英國市場研究公司

Euromonitor International 的調查，二〇二一年東南亞車輛派遣服務市場，Grab 市場佔有率為71%，大幅度領先 Gojek 等其他競爭對手。

收購 Uber 東南亞事業體除了能為車輛派遣服務事業帶來好處外，也可以接續 Uber 提供的餐食宅配服務。當時，有關餐食宅配服務，Grab 還在試驗階段，Uber 卻已經建構完善的合作餐飲店網絡及服務產業知識，收購後將上述資源整合後，一舉將事業體擴大，而其中統籌 Grab 宅配服務事業的就是出身於 Uber 的 Demi Yu。

與 SPAC 合併史上最大規模的新創企業上市

對於創業以來，業績都持續成長的 Grab，二〇二〇年因為東南亞各國疫情持續擴大，也因而迎來創業後第一波大環境的挑戰。東南亞各國政府為了避免感染持續蔓延，開始實行嚴格的人民移動限制，造成 Grab 的核心事業車輛派遣服務的業績驟降，二〇二〇年一到三月的平均每月用戶人數為兩千九百七十萬人，不過到了同年的四到六月卻只剩下一千九百三十萬人，換言之平均每月減少一千零四十萬用戶使用 Grab 的服務。

二〇二〇年六月十六日陳炳耀在寫給員工的信中寫到，「從 Covid-19 疫情爆發後，我都希望盡可能的不要發出以下這樣的聲明，不過今日會解雇全體員工人數5%的員工。」

而在裁員後 Grab 的動作變得更加迅速，在封城的情況下，因應爆增的餐食宅配運輸人員需求，將原本載送人的司機轉為餐食宅配的司機，將員工更有效率的再配置，也藉此將傷害降到最低。原本只在新加坡及馬來西亞提供的餐食及日常用品宅配服務，也因應疫情擴展到印尼及越南。在二〇二〇年七到九月平均每月用戶人數也回到了兩千三百九十萬人，代表著用戶於平台所購入商品及服務交易總金額，二〇二〇年一整年總計仍維持著與 Covid-19 疫情前相同的水平。

二〇二一年四月，Grab 與美國知名投資企業 Altimeter 的關聯公司 SPAC 進行合併，於美國那斯達克股票交易所上市。SPAC 是一間沒有實際服務項目的「空殼」公司，主要是用來尋找適合的併購標的企業，對於像是 Grab 這般被併購的企業來說，進行企業併購的好處就是，能夠大幅縮短一般的首次公開募股（IPO）及上市所需要的時間。

二〇二〇年以後，美國 SPAC 這類公司的設立數量迅速增加，透過與 SPAC 合併而上市的企業在二〇二一年上半年持續增加，雖然也有人認為 Grab 離上市這件事還太遠了，不過經營團隊決定搭上 SPAC 的熱潮勇往直前，透過股票市場募得更多的資金以及不斷提升企業的成長幅度。

二〇二一年四月 Grab 發表上市時，連同受投資金額，估計公司淨值來到三九六億美元，也是 SPAC 有史來併購的最大上市企業。

不過在實際上市後不久約二〇二一年十二月，對於SPAC質疑的聲浪也逐漸增強，也讓Grab真切的體會到市場洗禮。將二〇二一年十二月二日上市時的股價與尚未與SPAC合併前相比，開盤價一三點六美元大約增加19％，開盤後各界持續售出，收盤價格約下降原股價的21％約為八點七五美元。而且進入二〇二〇年後，科技業吹起逆風，連同Grab的股價也跟著下跌，二〇二一年三月三日公告二〇二一年十到十二月每月平均虧損約一一億美元，而當天股價也應聲跌了37％。

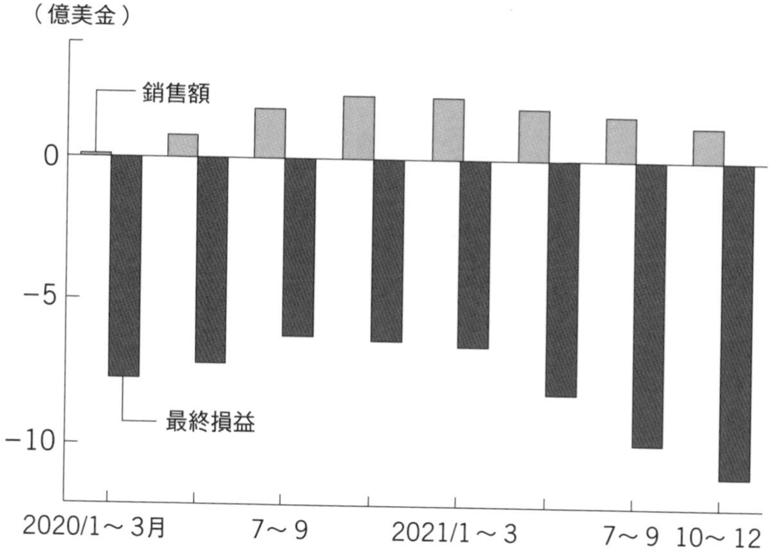

Grab的四季業績趨勢圖；（出版）參考Grab公開資料為基礎，由筆者製成。

目標為同時提供二種機能的宅配服務

在股票市場公開發行後，Grab有三個主要事業體。首先，第一個是從創業持續運營至今的核心事業體「車輛派遣服務」，雖然因為疫情爆發，各國紛紛頒布政令限制人民活動自由，造成車輛派遣服務的需求量驟降，不過仍然是Grab APP銜接民眾日常生活中的重要關鍵，也透過早已建立在東南亞八個主要國家的司機網絡及APP地圖上的合作事業群體等完備基礎，在二〇二〇年各國也陸續由虧轉盈。透過能夠實際代表公司核心獲利能力的指標EBITDA（未計利息、稅額、折舊及攤銷前的利潤）分析，原訂從二〇二〇年三億美元至二〇二三年成長為十億美元的計畫中，仍持續佔有最重要的獲利地位。

第二個主要事業體則是「宅配服務」，雖然真正開始進入這個市場相對較晚，也就是在將Uber併購後的二〇一八年，不過仍隨著疫情擴散所導致激增的長時間居家生活需求，進而一舉將事業體的規模擴大。至於餐食宅配的方面，則是針對消費者可以選擇的餐食，拓展眾多的Grab專屬人氣餐廳，並保證這些訂單都能夠準時送達到消費者手上，而餐食宅配的基礎其實是建立在Grab車輛派遣服務事業已經簽訂合約的東南亞各國司機，以及具有讓司機們能夠用最短路徑、有效率進行宅配服務的地圖系統，再加上二〇二〇年擴大招募合作餐廳的數量達到數十萬間，其中統籌Grab宅配服務事業的Demi Yu提到，「Grab提供的餐廳種類非常廣泛，從價格實惠的地邊攤店家、到米其林等級的高級餐廳都有，並有許多Grab獨有的餐廳、專屬的菜單及料理。」

根據知名管理諮詢公司Momentum Works的調查，東南亞主要六國的餐食宅配服務，二〇二〇年營業總額相比二〇一九年急遽成長了二點八倍，來到一一九億美元，其中Grab的佔比更是高達50％，並且除了越南以外都是各國的餐食宅配龍頭。而二〇二一年這個市場規模也持續的擴大，營業總額成長30％達到一五五億美元的水平，Grab則依舊維持50％高市佔率。

而Grab則在疫情持續擴大的二〇二〇年起，將餐食宅配的範圍從熟食料理擴增至生鮮食品及日常用品，並與具有穩定客流的便利商店及超級市場等小型商店合作，建構由消費者在APP中下單商品，再由Grab司機進行配送的服務模式，與英國跨國消費品公司聯合利華大廠合作在Grab APP中設立販售冰淇淋的虛擬店鋪等就是其中一例。

與聯合利華的合作模式為，消費者透過Grab APP進行下單，並將訂單資訊傳給宅配地址附近備有聯合利華訂單商品的小型商店，再由司機將訂單商品自該商店送給消費者。對於Grab來說，增加具有品牌力的知名店家商品，能夠吸引更多的消費者進行下單，而對於知名食品及日常用品製造大廠來說，透過具有眾多會員的Grab APP販售也能夠大大提升銷售額。

不過非常有趣的是，就算是訂購相同的宅配商品，根據宅配時間的不同，有提供下單後商品二十到三十分鐘後送到的「Grab・Mart」以及下單後商品隔日送到的「Grab・Supermarket」兩種不同特性的服務，舉例來說，如果消費者希望立刻能喝到啤酒，則使用提供少量、即時宅配的「Grab・Mart」；而若是想要大量購買蔬菜、海鮮等食材則需要便利且商品種類眾多的「Grab・Supermarket」。

Grab透過將時間軸進行區分，藉由兩種各具特性的商品宅配服務，囊括消費者各式各樣的商品宅配需求。二〇二一年宅配服務事業的網站成交金額也佔總體的一半以上，也在整體事業體中佔有極高的戰略地位。

只要一元新加坡幣就能開始投資

第三個主要事業體則是「金融產業」，其中最初發跡的是二〇一七年電子錢包事業，之後陸續投入放款、保險等業務，二〇二〇年則開始涉足投資管理產業，分各種階段的推廣金融事業體。而以電子錢包作為最初推動的金融事業，主要是因為Grab的車輛派遣服務及合作加盟商店結帳時能夠方便使用，也藉此提高消費者Grab APP的使用率，且隨著業界各式各樣的金融商品陸續增加，也向消費者併售多種金融商品，金融事業體的獲利模式也持續不斷調整中。

二〇二〇年八月，Grab剛剛開始販售投資型金融商品時，當時的Grab金融事業幹部Chandrima Das說到，「如果消費者使用Grab的金融投資平台的話，一元新加坡幣（約二十三台幣）就能夠開始您的投資。」這句話也真實表現出Grab的金融事業體的商業戰略。

消費者如果是與現行市場既有的銀行、證卷商等購買金融商品的話，大部分都會有進入門檻高、手續費昂貴的問題，不過Grab金融事業則是主打小額商品、低手續費，而且第一次設定後就可以自動扣款累積。就如同二〇二一年一月，Grab開始販售保險業知名企業Chubb的旅行保險商品，一天只需要二點五元新加坡幣的超低價格就能夠投保，一件一件的商品僅能獲得微薄的手續費，並透過案件積累達量達到薄利多銷商業模式。

統籌Grab金融事業的魯賓・賴說到：「大型金融機構的主要目標客戶是在金字塔頂端的10到15%的資產階級，而我們的客戶則是在那以下的中產階級，所以彼此並不會成為競爭對手。」

而進一步推動這個商業模式的是涉足銀行產業。Grab與知名資訊傳輸企業Singapore Telecommunications Limited（Signtel）預計攜手於二〇二二年年中在新加坡經營純網路銀行事業，魯賓・賴提到，「我們不會收取帳戶維護費等巧立名目的手續費，並讓每一個人都可以開立帳戶。」活用不設立分行及自動提款機等的優勢，來提供比現有銀行更優惠的利率，以招募到更多人來儲蓄。除此之外，也同時在馬來西亞申請網路銀行營業執照，二〇二二年一月也決定投資印尼的地方銀行 Allo Bank、Bank Fama International，其中 Allo Bank 的投資金額為二一四四億印尼盾（約一．四三億美元），雖然在該銀行的出資佔比只有約 2%，不過也展示了投入印尼金融產業的決心，並藉此先佔有一席之地。

由於要發展銀行事業，取得各國銀行營業執照是絕對必要的，也因此讓在各國發展這項事業的困難度程度，比起線上交易更難上許多。考慮到，若是將曾經阻斷的事業網絡建構起來的話，Grab 在東南亞各國也將更具有競爭力，更能實現 Grab 取得東南亞主要各國銀行營業執照的藍圖。

同一個 APP 提供多樣服務的加乘效益

騰訊控股（Tencent）等眾多中國知名企業，常常被稱為藉由一個 APP 提供多種服務，並藉此獲得大量顧客群商業模式的先驅。只是像 Grab 這樣同時提供車輛派遣、餐食及日用品宅配、金融事業，且事業版圖橫跨多個國家，市佔率也高的企業，放眼世界也是寥寥無幾。陳炳耀在宣布 Grab 即將於美國那斯達克股票交易所上市，也就是二〇二一年四月十三日的當天，在日本經濟新聞的採訪中說到：「許多投資家將我們定義為結合 Uber、

DoorDash[3]以及螞蟻集團（中國金融交易知名企業）的集合體。」像這樣集結著多樣消費者生活中不可或缺的服務項目的APP，我們稱為「超級APP」，這也才是Grab企業的壓倒性優勢。

實際上，讓消費者可以同時使用多種服務，對於每一個服務個別獲得的收入是下降的，不過總體營業額卻可以透過多種服務的相乘效果而上升，Grab將這種現象稱作「飛輪（Flywheel）」，根據數據分析，明確顯示使用多種服務的消費者，具有持續使用Grab APP的傾向，而若是使用四項服務以上的消費者，其中有86%在一年後仍使用Grab APP，不過若是只有使用一項服務的消費者，一年後仍使用Grab APP卻只有37%。而在APP層出不窮的市場中，能夠被消費者放在首頁這件事是極為重要的事，且每月使用三次以上服務的消費者人數也從二〇一八年的3%，二〇二一年提升到了27%，而若是使用多種服務項目，自然消費金額就會上升，對於Grab來說，「超級APP」就是他們的商業核心戰略。

然而，針對這些「超級APP」商業戰略的名稱及涉及的領域會稍稍有所不同，其他企業如：新加坡的Sea、印尼的Gojek也都擬定類似的策略目標，而其中以車輛派遣服務起家，創業家同樣畢業於美國哈佛大學商業管理研究碩士的Gojek最為相似，在東南亞最大市場印

3　編按：美國一家經營線上接單、訂購與外送的平台，是美國最大的外送公司，於二〇二〇年十二月在紐約證交所公開上市。

尼有激烈的競爭。（將於第3章詳細介紹）

精密製造的深奧，來自於其強健的本質

在具有各式各樣APP的市場中，Grab的APP能夠持續被選擇使用，絕不單單是因為它是使用便利、集結許多功能的超級APP，根本原因是因為它精密製造的程度差距。

舉例來說，從國外來到東南亞各國出差的人們抵達機場後，下載Grab的APP，立刻能體會它的好用之處，APP內詳細的記載著機場內的地圖資訊，能夠準確地告知司機自己所在的位置，不需要擔心搭不上車，更可以免去在人生地不熟的廣大機場內，耗費許多時間與只會講當地用語的司機用電話聯繫彼此所在位置的苦差事。就算是在城市內，Grab的APP只需要輸入街道或是店家的名稱，立刻能提供詳細的資訊，這是其他計程車公司APP所無法做到的，因此讓使用者深刻體會到Grab的APP的便利性。

而創造這便利服務的可能性，就來自於裝設於外送司機安全帽上的行車紀錄器所收集到巨量的東南亞街道、建築物等的數據，Grab的工程師藉由上述數據，加上來自於顧客的抱怨、訴求為基礎，不斷的反覆改良地圖及相關資訊的精細度，透過這樣微小修正改變的不斷堆疊，大大提升了顧客的滿意度，也藉此穩固了回頭客。與Grab進行合併的公司SPAC，

Altimeter 公司幹部 Chris Comforti 就說：「Grab 的 APP 內的地圖是非常耗人力且非常難模仿的，我們對於他們的技術深感佩服。」

陳炳耀也表示，不斷優化的地圖數據才是 Grab 企業經爭優勢的根本，並將進一步執行相關投資結構。Grab 於美國那斯達克股票交易所上市，也就是二〇二一年十二月二日的當天的採訪中提及，上市所投資金額為四十五億美元，將投資重點優先放在「地圖數據的精細化」相關部分，精細的地圖不只能夠大幅度減少車輛派遣及宅配服務所需的時間及相關衍生的成本，還能夠大大提升顧客的滿意度。另外，也正在研擬是否針對外部企業提供地圖數據，來為公司取得新的收入來源。

配合地方顧客的特性調整的在地化也是重要的關鍵字。舉例來說，在 Grab 事業版圖擴及的 8 個國家中，使用者都會透過滑動手機的畫面來選擇想要宅配的餐食料理，不過各國國民所花費的時間卻各不相同，對於畫面停留時間非常短、民族性比較沒有耐性的國家，會設計簡潔的畫面來提供選擇，至於具有謹慎小心風格、喜歡慢慢品味研究菜單的國家則提供詳細及豐富的選擇資訊。

設定餐食宅配服務首頁橫幅廣告及種類分類的權限是由各國團隊自行掌握，以數據分析為基礎，不斷重新組合設計出最能夠吸引各國國民的使用者畫面。陳慧玲說到，「就算是同屬越南的河內及胡志明市，仍然會因為文化及工作型態的不同，而產生不同的特性」，所以千篇一律的模式是絕對不可能成功的。

活用AI技術來支援中小型餐飲店家

企業以消費者個別的使用紀錄為基礎，透過ＡＩ人工智慧技術推薦適合的商品及服務的模式並不少見。不過Grab餐食宅配服務的部分，則是以過去訂購的餐食種類、價格區間個別記錄於每個消費者的數據庫內，在消費者使用APP時，再將消費者期望餐食送到的時間、司機配置的狀況等資訊加入數據庫中供ＡＩ計算，再來顯示所推薦的餐廳。如果在訂單很多、可以配送的司機人數少的情況下，也會自動縮小司機可以配送的範圍，換言之，就是會調整為司機只負責配送附近餐廳的訂單，讓配送更有效率的模式。

這樣的話，住在偏遠地區的使用者可能會短時間無法使用餐食宅配服務，不過比起胡亂的接受無法消化的訂單，送餐時間將大幅度的延遲，造成使用者的不滿，停止接受訂單這件事，對於使用者及製作餐食的餐廳來說都是比較好的。

而這樣設計的系統也與合作餐廳的系統進行連動，餐廳的員工若是因為處理來店客訂單而忙得不可開交的時候，也能夠機動地停止接受餐食宅配的訂單，若是有哪一個食材用完，也可以將特定商品進行下架。

Grab 對於餐廳每日的營業額，按菜單進行數據分析，並提出能夠提升營業額的菜單及藉由ＡＩ檢出不好看料理照片來替換等建議，協助中小型餐飲店改善經營狀況，而這些協助餐廳促進銷售的工具也大部分都是免費的。在印尼等國家也協助配送經常會使用到的白米、麵類、食用油等原料食材，因此間接的踏入食品批發的領域。

以杯子蛋糕作為招牌商品、在新加坡具有五間實體咖啡廳店鋪的 Plain Vanilla 也是充分利用 Grab 系統的商家之一，Plain Vanilla 負責市場營銷的人員，過去只能透過以四季的決算數據為基礎去分析出提升營業額的方案。在導入 Grab 的系統後，隨時都可以透過手機掌握當日的營業額數據，並以這個數據為基礎發展新的套餐菜單，並在 Grab 的 APP 上進行廣告，進一步來提升營業額。

Plain Vanilla 所使用的項目是，若是消費者搜尋特定的關鍵字，Plain Vanilla 的商品菜單就會優先出現在選單的上方的廣告服務。並將「咖啡廳」或是「麵包店」等與杯子蛋糕相關性高的關鍵字設定為連動狀態，效果立刻彰顯，且可以透過數據了解相關狀況。

例如發送到各商家手機的訊息：「廣告費只要新加坡幣四〇元，就能帶來四四四〇元新加坡幣的營業額」。怎樣的關鍵字能夠增加訂單完全一目了然，而銷售負責人也對於「Grab 工具為我們帶來市場營銷的自信」感到滿意。

Grab 重視的是藉由科技技術來提高顧客、司機、合作商家的便利性，並借此在與競爭對手企業間取得競爭優勢，而實際推動這項優勢的是工程師、數據科學家及ＡＩ專業人員等技術團隊。

Grab 的開發研究中心不僅僅設置在總部所在地的新加坡，還有東南亞的雅加達、吉隆坡、胡志明市，更進一步推廣到美國的西雅圖、中國的北京、印度的那加羅爾、羅馬尼亞的克盧日．納波卡，共計在全球八個城市設置開發研究中心，並且為了能夠採用世界各地的優秀人才，比起二〇一七年時的配置，二〇一八年技術團隊人員人數上升一倍來到一千八百人，並在此之後，為了避免資訊洩漏，對於後續人員的轉任狀況都進行保密，同時持續按照事業規模擴大的比例，來招募相對應的工程師。

技術團隊熱衷投入的不僅僅是為了 APP 使用更加便利所進行的短期改善項目，更將東南亞數百種語言、方言等的數據收集及情報分析，透過ＡＩ技術來開創未來創新服務的可能性，如上所述大概也能稍稍代表 Grab 企業規模龐大的象徵。

孫正義的巨額投資

隨著 Grab 的不斷持續成長，想要投資 Grab 的企業也漸漸增多並橫跨世界各國，包含美國的微軟、中國的知名車輛派遣 APP 企業滴滴出行、韓國的現代汽車等，想要投資的企業不勝枚舉，不過與 Grab 關係最深厚的還是日本的企業，光是公諸於眾已投資 Grab 的日本企業就已經約十間。

有關陳炳耀非常重視與日本企業在資本投資及商業策略方面合作的理由，將在下面的對話中說明：「首先是日本在世界大戰後，不只是民間、更包含政府機關的連結，也藉此建構了日本與東南亞很深的關係。第二則是我對於武士道等日本的思考邏輯是很熟悉的，且 Grab 也深受日本的現場主義及改善等企業經營理念所影響，最重要的是比起短視近利只考慮眼前三個月的獲利，日本的投資者們更注重放眼未來的三十年，並真的理解我們的未來性。」

在陳炳耀對於企業經營理論的分享中，總是會提及「三現主義（也就是非常重視現場、現貨、現實）」，而另一位創辦人陳慧玲也在二〇一九年赴日時的日本經濟新聞的訪中提到，哈佛大學商業管理研究碩士時，竹內弘高教授深深影響他們，Grab 也不斷增進與日本企業的關係，並時時刻刻落實符合兩人中心思想的日本經營學理念。

其中最關係匪淺的是孫正義會長兼董事長帶領的軟銀集團，軟銀在 Grab 創建後的第四年也就是二〇一四年十二月為止共進行四次的投資（總額約二億五千萬美元），二〇一六年九月的第六次投資（共七億九千萬），二〇一七年七月的第七次投資（共二〇億），而在 Grab 上市前最後一次的投資也就是第八次投資（共六十二億，幾個共同投資的部份也都作為主要投資者，上市前所持有的投資佔比更高達21．7％。

軟銀持續投資的同時，Grab卻出現虧損，二〇一八年至二〇二〇年最終虧損金額就達到九十二億美元。短短三年間就累積虧損超過一兆日幣新創企業造成投資者對於追加投資膽怯，能夠不畏現況持續加緊油門繼續投入資金的投資家，綜觀世界除了軟銀以外基本上沒有了，不過Grab也因為有軟銀這般投入巨額資金的企業當作靠山，才到夠在創業十年，市值就接近四百億美元。

對於如此支持Grab的孫正義先生，陳炳耀對其的敬仰更是溢於言表，並總是稱孫正義先生為「導師」，並說：「孫先生總是能夠預想到未來，給予投資事業最徹底的指導，他對於工作的真摯程度讓人非常敬佩」。順道一提，對於虔誠的基督教教徒陳炳耀來說，如此景仰的對象還有一位，就是耶穌基督。

能夠代表日本製造業的汽車製造大廠豐田汽車，也於二〇一八年投注十億美元的資金於Grab，並於後續派遣幹部赴任，而豐田汽車所投資的部分為他們希望能夠深度了解的車輛派遣服務，也希望藉此於豐田汽車中催生出全新的服務。而為了達到此目的，豐田汽車提供大量的車輛，每台車更是都搭載了數據收集裝置，以利隨時接收移動中車輛的數據，其中比起一般的用車，提供派遣服務的車輛每日的行駛距離是五倍，所以需要更加頻繁的進行車輛整備，但也因為如此能夠蒐集到有別於一般用車的數據資料。

其他還包括三菱 UFJ 銀行出資共七億美元與 Grab 在銀行金融產業進行合作等，也說明日本大部分的企業都是因為商業戰略考量而要求合作及投資。

時至今日，Grab 已在日本成為頗有名氣的企業，不過日本企業約於二〇一七年，也就是還沒有收購 Uber 東南亞世界體之前，Grab 的企業規模還小的時候，就開始正式的對於 Grab 進行投資。那時負責統籌亞洲戰略分析的建守進回憶，在企業內部取得共識並推動愛和誼日生同和財產保險投入一千萬美元真的是非常辛苦的事情。

「網路預約出租車是無牌照自家車的計程車嗎？」「沒有辦法投資每年都不斷增加巨額虧損的新創企業。」每次建守進向董事們詳細介紹亞洲局勢的時候，都會遭受到猛烈的反對，不過他都會非常有毅力的去闡述投資的意義，並以 Grab 及其合作商家為立足點，在東南亞發展利用互聯網設備來支援車輛派遣服務的「遠程訊息處理系統」。

總算是說服愛和誼日生同和財產保險進行投資之後，愛和誼日生同和財產保險著手進行 Grab 司機急煞車的次數等數據的分析，並發展若是能夠降低司機的事故風險機率，則提供對應獎金的程式，以收集到的數據為基礎，來計算出新加坡各地區的事故風險機率。愛和誼日生同和財產保險也進而活用藉由與 Grab 合作所累積的知識技術，來發展在印尼、菲律賓、印度的汽車保險事業。

Grab 能否持續保持高速的成長？

於二〇一一年創業僅僅十年就在美國那斯達克股票交易所上市的 Grab，是否仍然能以同樣的速度持續成長呢？從新創企業蛻變為擁有長期穩定事業體的企業，創造獲利是最大且最緊迫的課題。

許多相關領域者針對於 Grab 的劣勢分析都指出，Grab 的搖錢樹（穩定獲利的來源）已不復存在。觀察展現企業硬實力的 EBITDA[4] 的話，汽車派遣服務二〇二〇年確實帶來三億美元的獲利，而上市的計畫也是，希望一改二〇二一年宅配業務的虧損，於二〇二三年企業全體事業體的 EBITDA 都能轉虧為盈。

只是 Grab 除了各營利事業體的損益之外，仍有許多額外的成本，首先是「區域成本」無法切分給各個事業體的共同成本，例如：活用ＡＩ所進行的技術開發成本就是其中之一。

二〇二〇年這些區域成本的 EBITDA 造成六億美元的虧損黑洞，也彌平了車輛派遣服務事業當年度三億的獲利，也是整體企業體的 EBITDA 虧損八億美元的主要原因。不過其實

4　編按：指未計利息、稅項、折舊以及攤銷之前的獲利。

受惠於創新技術開發的車輛派遣服務事業體，在其 EBITDA 的計算上並沒有將創新技術開發的成本如實表達在數據上，車輛派遣服務事業的獲利可能不符合實際的狀況。雖然可以說是為了推廣而持續提供消費者及司機高額的補助金，藉此催生出穩定的收益，但仍舊是非常不透明的。

第 2 章也會詳細解說與 Grab 一樣面臨持續高度虧損的 Sea，不過 Sea 與 Grab 不同在於，三大主要事業體其中之一的網路遊戲事業體，其 EBITDA 正呈現著大幅的獲利狀態，並成為主要的金雞母。二〇二一年年末 Sea 的市值總額約一二〇〇億美元與 Grab 的市值總額約二六〇億美元，差了將近五倍，眾多投資者認為是因為是否有金雞母所造成的差異。

進一步的分析，EBITDA 是能夠實際代表公司核心獲利能力的指標，計算的時候把借入款項所產生的利息、無利可圖事業的交付款等排除是非常重要的。

對於 Grab 來說，EBITDA 以外的費用非常高，像是積極的資金招募、陸續推出創新的服務、以及協定減少貸款利息的產生。檢視二〇二〇年實際業績的話，三大事業體的區域成本增加導致 EBITDA 有八億美元的虧損，再加上需支付的利息十四億、攤銷成本四億，最終虧損二十七億美元。直到二〇二一年虧損持續擴大到三十五億美元。

Grab 相信，東南亞數位經濟及企業成長仍會維持高水準，車輛派遣及宅配服務市佔份額還是會很大，並表示數年後整個企業體的 EBITDA 將都能轉虧為盈。可是為了維持市佔率，提升消費者服務及支付給合作店家大量促銷費用，對於 Grab 收益能力也不一定會好轉，即使按照 Grab 的計畫推動下去，幾年後 EBITDA 也無法擺脫虧損。

獲利改善方案與零工衍生的問題

對於虧損 Grab 也並非無所作為，增加使用 Grab 電子錢包金融服務的店家，提高「在 APP 內結帳完畢的 Grab 經濟圈」的比例，導入不需要收續費、又能夠分期付款並在約定日再付款的服務「BNPL（Buy、Know、Pay、Later）」也是增加收入來源的其中之一，藉此進一步擴大合作的店家數量，還允許消費者能夠透過 Grab 的電子錢包購買加密資產（虛擬貨幣），立即滿足消費者的新需求。

二〇二一年十二月 Grab 收購馬來西亞最高級的超級市場 Jaya Grocer，Grab 原本是與各國鄉鎮的超級市場合作，提供食品、日常用品的宅配服務，如今拓展服務項目開始自營超級市場，不僅僅穩固宅配品項的貨源，也大大增加了收益率，就如同美國網路零售龍頭企業亞馬遜收購美國高級食品超市，不僅僅經營網路 APP，也藉此增加這間店原先的收益狀況。

Grab 擁有超過兩千萬人以上的用戶，儼然成為東南亞人民生活中不可或缺的平台，消費者已經習慣使用 Grab 了，就算手續費上漲，突然之間也很難改變選用別家的服務平台，這讓 Grab 能夠藉由收取新的費用來改善盈利能力。

實際上，Grab 自二〇二〇年十二月開始，在新加坡，每一次民眾使用車輛派遣服務，就收取〇點三[5]新加坡幣的「平台手續費」，雖然換算為日幣僅僅二十五日元，不過因為每天的使用量是非常龐大的，所以也為 Grab 進帳不少收入。而對於「平台手續費」的分配部分，其中的三分之一用於改善司機的待遇，其餘的則用來維持運輸安全及服務品質。這個方案為車輛派遣服務擠出新的收入，也大大了改善車輛派遣服務事業體的獲利效益。隔年二〇二一年四月，新加坡宅配事業體的平台手續費也跟著調整，從原先每一次民眾使用宅配服務收取〇點二新加坡幣調升到〇點三新加坡幣。

在東南亞主要八個國家，為 Grab 提供服務、如同左臂右膀的司機及合作餐廳的經營者，共計超過九百萬人，陳慧玲表示，「在東南亞，每七十人中，就能提供一人就業機會」，並強調自身企業所帶給社會群眾的意義。不過事實也確實如此，國民平均所得較低的印尼、菲律賓等國家，Grab 平台提供許多的就業機會，如果成為 Grab 的司機的話，立刻就能夠賺取每日的生活費，並協助民眾在銀行開立帳戶、申辦保險，不遺餘力的協助推動

5 編按：約台幣六~七元。

社會福利，在民眾的生活佔有很重要的角色

只是，推動這種理念的 Grab 是否總是可以被社會接受呢？執行車輛派遣服務的司機藉由網路承接單一的工作，也就是所謂的「零工」，但也因「零工」不穩定的勞動環境在世界各地都衍生出社會問題。舉例來說，二〇二一年二月，英國最高法院認定 Uber 的司機為 Uber 的從業人員，同年三月，Uber 發表聲明將英國約七萬名司機聘任為「勞工」，並給予最低的保證薪資。

新加坡為東南亞各國中平均所得最高的國家，首相李顯龍於二〇二一年八月演講中提到「我們憂心低薪資勞動者，特別是提供宅配服務的司機正處於過勞的工作環境」的問題，並同時提及 Grab 等企業的名稱，發表需要檢討零工的相關保護政策。不過餐廳對於每筆訂單被收取訂單金額30％的高額宅配服務手續費，餐廳端也提出強烈的不滿。

包含 Grab 在內，這一些正在風頭上的服務平台也因而在東南亞各國受到強烈的非議，Grab 被迫做出調升司機報酬及調降合作餐飲店家手續費的措施，也造成收益惡化的隱憂。

Grab 透過技術實踐讓東南亞人人能夠有賺錢的機會，隨著 Grab 的存在以及影響力的增強，伴隨而來的是來自於社會要求將成長的果實分享給消費者及作為勞動者的司機的壓力。

第 2 章

Sea—「東南亞 Amazon」的實力

市值超過二十三兆日元的「亞洲夢 Asian dream」

第1章講述了曾經被稱為「東南亞 Uber」的 Grab，不僅收購了原創企業 Uber 東南亞事業體，更發展了除了車輛派遣服務以外的事業版圖，並持續擴張的過程。這一章的主題「Sea」則是集美國及中國兩大知名企業之大成，被譽為「東南亞的 Amazon」及「東南亞的騰訊控股」的急速成長新創企業。

Sea 起源於廣為人知的避稅天堂開曼群島，前身為創立於二〇〇九年五月八日的 Garena Interactive Holdings 有限公司，現任會長兼集團事業體執行長李小冬創業後，將集團總部設置於新加坡，創業後的八年也就是二〇一七年四月更名為 Sea，在東南亞享有盛名。僅僅經過半年，於同年的十月即在美國紐約證券交易所上市，二〇二一年十月市值更一度高達兩千億美元。

現今 Sea 的事業版圖也不僅僅侷限在東南亞地區，更拓展到中南美洲、歐洲等地區。李小冬出生於中國、畢業於美國知名大學商業管理研究碩士學位，現在則是新加坡國籍，他不是追求美國夢「American Dream」，而是築夢踏實實現他的「Asian Dream」，他精彩的人生及 Sea 的成功，恰恰代表了亞洲生生不息的經濟活力。

為什麼新創的遊戲公司能夠迅速擴張事業版圖？

雖然 Sea 只是世界各地新創企業的其中之一，不過創業僅僅十年左右就成長為東南亞市值最高的企業，到底是為什麼呢？模擬亞馬遜及騰訊商業模式的 Sea 企業特色是什麼呢？如果要說明這個進軍新的國家、新的區域、新的事業版圖也從不發表，讓記者、分析師等傷透腦筋的企業，首先應該要從其三大事業體：遊戲、網路購物、金融服務的特點下手，才能一探它的競爭優勢及強大之處。

遊戲事業體是 Sea 創業以後，最先經營的事業體，以購入當時最有人氣的遊戲版權開始，發展資訊傳輸平台。整個事業體中，這個業績不佳的新創遊戲通訊平台得以擴展的原因，是與以遊戲為主力的中國網路巨頭騰訊親密合作的關係。

根據創辦人李小冬所述，在員工人數還不到二十人的創業初期，透過新加坡經濟發展局的介紹，騰訊開始投資 Sea 及拓展合作。二〇一九年一月，騰訊購入 Sea 33．4％的股份，成為第一大股東。雖然在那之後 Sea 也多次進行增資、移轉販售自身股權等讓創業家持有股權較低的操作，直至二〇二一年三月底時，騰訊仍為 Sea 的第一大股東，不過也因此騰訊所開發的人氣遊戲總能夠在東南亞優先直播通訊，藉此讓 Sea 在初期即獲得大量的客戶，都需要歸功於上述的操作。

有騰訊這個強而有力的後盾，只不過是Sea飛速成長的因素之一。Sea的競爭優勢還包括，與世界知名遊戲簽訂合作認證契約，配合各國的玩家嗜好，直接代替遊戲開發商發展、調整遊戲的知識技術，將遊戲翻譯為各國的語言，並配合各國的規範，進行遊戲內容的調整及變更，也增加各國獨有的內容及體驗，打造能夠讓玩家輕鬆入手的遊戲內容。

更進一步，將遊戲對戰競技「e-sport」推展到各國，舉行活動及各式競賽，而舉辦上述活動的核心目的就是計畫能養成粉絲群及拓展遊戲玩家的人數。大多的遊戲開發公司在東南亞沒有事業基礎，而Sea會提供計費系統給有合作的遊戲開發公司使用，Sea的平台銷售額也因此得以大幅增加，而若再加上Sea提供的傳輸服務的話，不只能夠讓東南亞的使用者人數增加，更可以藉此提升評價，並獨佔區域內人氣遊戲的傳輸契約的良性循環。

約有近世界總人口總數一成的人，七億人在使用Sea

二〇一七年Sea推出自行開發的遊戲〈我要活下去（Free Fire）〉，是提升線上遊戲評價的另一個轉機，這個遊戲為五十個玩家為了存活而展開的大逃殺類型的線上遊戲，對於Sea來說這是第一次的嘗試，也是直至二〇二二年三月為止唯一一款由Sea完全自行開發的商品，自此款遊戲開發已經過五年，仍是世界上持續下載數最多的遊戲之一的「現象級遊戲」。

至今從來為發表過任何一款遊戲的 Sea，處女作之所以獲得如此成功，是因為以經營直播平台所獲得的知識與分析為基礎，選擇了符合東南亞市場特性的策略。

首先，為了讓網路不好的地區或是只擁有廉價手機的新興國家年輕人也能夠有順暢的遊戲體驗，他們一方面維持背景的真實感，降低了圖像零件的複雜程度來降低數據傳輸量。另外，過去的戰鬥類型遊戲一次對戰幾乎都要花上二、三十分鐘，但 Sea 藉由分析結果得知，東南亞的玩家大多是用零碎時間打遊戲，所以將一場對戰改為十到十五分鐘。

這個遊戲的一大賣點，就是以各國名人為遊戲角色來進行遊戲，促進了在地化。舉例來說，在印尼的某一段時期內，有半數以上的玩家都使用當地人氣偶像喬・塔斯利姆當作遊戲角色。雖然〈我要活下去〉在南美洲及印度也都是非常火紅的遊戲，

由 Sea 所開發，超熱門的遊戲，我要活下去（Free Fire），Sea 提供。

不過Sea最大的優勢是充分掌握新興國家年輕人們的特性及需求。

Sea採取免費增值模式（Freemium）這個商業模式，原則上下載遊戲是免費的，在遊戲中的武器、裝備等項目才需要花費購買。二〇二一年七到九月這段期間，自行開發的〈我要活下去〉與其他公司開發遊戲的玩家總數達到七億兩千九百萬人的水平，比前一年的同期比增加27％。事實上，約有近世界總人口總數的一成的人在使用Sea平台，而其中的13％（約有九千三百二十萬人）在遊戲中會花錢購買遊戲中的武器、裝備等項目，Sea也藉此獲得實質上的收入，遊戲事業也因此成為Sea不可或缺的金庫，二〇二一年調整後的EBITDA高達二十七億八千萬美元。

Sea於二〇二〇年一月收購加拿大遊戲開發公司Phoenix Labs，該公司在中國和其他地方擁有超過七百五十位以上的遊戲開發者，目標是開發出不亞於〈我要活下去〉的人氣遊戲。

較晚發跡的網路購物平台，卻贏得成功的四個主要原因

而Sea的第二個主要事業體「蝦皮購物」，則是在遊戲事業步上正軌後，於二〇一五年六、七月創立。蝦皮購物幾乎同時間在東南亞主要六個國家：印尼、越南、泰國、菲律賓、馬來西亞、新加坡，與台灣開始提供服務，在當時東南亞的網路購物產業競爭激烈，

還包含之後被納入中國阿里巴巴旗下的 Lazad 等強敵環伺的狀態之下。

作為一間新創網路遊戲公司，當時大部分的人都不太看好 Sea 會成功，但事實上，它在其他國家每年的市佔率是穩健的成長。馬來西亞的情報收集網站 iprice 指出，蝦皮購物在投入網路購物的五年後，也就是二〇二〇年七到九月間，在東南亞主要六國每月平均的網站造訪人數都是最多的，若是連同二〇一九年以後擴展的中南美洲市場在內，在二〇二一年十到十二月間訂單總數更高達二十億件，與前一年同期相比增加90％，也代表創業六年來，業務都在高速的成長。

蝦皮購物雖然是較晚發跡的網路購物平台，能獲得如此的成功主要可以歸功於四個原因。第一個原因是能夠盡早的建構對於手機使用者來說更方便的購物網站，創辦人李小冬說到：「二〇一五年蝦皮購物創建的時候，智慧型手機在東南亞的普及率正逐漸上升，我們當時就在思考透過行動電話下單遲早會成為主流，所以致力於設計適合智慧型手機的購物網站。」一開始，蝦皮甚至沒有一個電腦用的購物網站。

當時，大多的網路購物平台競爭對手都是透過電腦下單，他們沿用電腦版購物網站的模板來建構智慧型手機版。只是在東南亞的偏鄉地區，持有行動電話但沒有電腦的民眾為數眾多，這也是網路購物平台無法觸及到這些民眾的原因，所以集中火力建構一個方便智慧型手機操作下單的網站，就能夠獲得許多初次使用購物網站的新用戶。

而蝦皮購物為東南亞的網路購物產業帶來革新的並不只是網站的設計。第二個原因是因為蝦皮並沒有用當時的主流模式，也就是自己持有庫存商品並銷售，而是讓各國的中小企業直接在蝦皮購物開店，在當時可說是非常新穎的商業模式。Sea 在股票上市前的規模是非常小的，就連從批發業者端購置商品後再自己販售的財力也是不太足夠的，所以透過提供蝦皮購物這種網路上的「賣場」給東南亞各國的中小型企業主，也成功的在短時間內建構出商品項目眾多且存貨數量龐大的網路購物平台。

第三個原因是擅長集中領域並進行分類管理。蝦皮創立當時的重點放在時尚、美容、健康等相關的商品，而這些商品與手機及電器商品比起來單價相對較低、網站成交金額（GMV）低較沒有利潤，所以當時許多綜合網路購物業者並不重視這個領域。不過另一方面，因為這些商品單價低，反而容易吸引年輕消費者，其中更是以對於流行非常敏感、喜愛在社群網站發布消息的女性族群為大宗，蝦皮也藉此大大展開知名度。而為了提高時尚、美容、健康等相關的商品的獲利，有時也會向供貨的中小企業方收取手續費。

創辦 Sea 的李小冬，作者攝影。

最後一個也是第四個原因，是學習並活用比東南亞更早普及網路購物服務的中國知名企業的市場營銷手法，其中最好的例子就是模仿阿里巴巴等中國網路購物巨頭在十一月十一日「光棍節」推動的大規模的銷售計畫。

蝦皮的廣告中「蝦皮，皮、皮、皮……」成為最抓耳朵且讓人留下深刻印象的口號，而這樣簡單又明快，又能夠在每一個多媒體中使用並反覆播放的宣傳方式，就是中國知名企業慣用的手法。而蝦皮購物的商家透過影像進行商品解說及販售的直播購物也早早的導入東南亞市場，而這也是早就普及於中國市場的手法之一。

上述的這四個原因，雖然不能說每一個都是 Sea 原創的，不過 Sea 與其他企業最大的不同在於，它所在的國家、區域都徹底的貫徹這些方法，從創始人李小冬身邊的親友得知，Sea 經常會確認競爭對手如印尼的 Tokopedia 等網路購巨頭的熱銷商品，如果發現有比蝦皮購物的價格低一點，就會透過優惠卷等方法讓出貨價格變的較便宜，這樣穩定的積累不僅可以增加消費者及商家，更可以達到促進回購率及增加新用戶的良性循環。

事業版圖擴展至中南美洲的時空背景

坐穩東南亞企業寶座的 Sea，更加速拓展事業版圖。二〇一九下半年，最先將觸角延伸到中南美洲的巴西，二〇二一年二月擴展到墨西哥，同年的六月則在智利及哥倫比亞插旗，二〇二二年一月再將阿根廷納入事業版圖，並穩健的在各國拓展服務。

「Adidas 運動鞋六五折」、「無線耳機四九折」，上述的這些廣告標語就刊登在二〇二一年九月九日於巴西的蝦皮「9.9」購物活動中，而這些在東南亞市場成功推動的銷售手法，在中南美洲市場也忠實呈現；這一天在巴西投入大量的廣告，在社群網站上也清一色都是蝦皮的廣告。透過分配多種不同型式的折價券，在「9.9」購物活動的前兩個月，蝦皮購物在巴西「APP Store」的下載次數，超過 WhataAPP 及 Instgram 等人氣程式，得到下載量最多的寶座。

選擇地理位置上與東南亞相距甚遠的中南美洲作為第二個主力市場，是因為它潛在的高成長力。舉例來說，根據美國 Facebook 的調查，二〇二一年巴西的零售消費中，網路購物佔總體的8％，與東南亞的9％相近，所以巴西並不像美國及中國那般有成熟的網路銷售市場，是一個極具發展潛力的市場，此外，預估巴西到二〇二六年為止，年平均的網路購物流通總交易量會上升到20％，甚至高過於東南亞的14％。

在中南美洲各國的網路銷售市場中，於阿根廷發跡的知名網路購物平台 Mercado Libre 都佔有一定的市佔率，雖然美國亞馬遜也接連加強在中南美洲的投資，但與具有壓倒性市場佔比的北美洲不同，中南美洲網路銷售市場的市佔率是浮動的，所以如同 Sea 這樣新創企業也能放膽角逐這具有高潛力的市場，Sea 幹部就曾說過「中南美洲市場是藍海（其他的競爭對手少）」。

不過由 Sea 企業自行開發的遊戲〈我要活下去〉在中南美洲具有高人氣也是選擇此市場的原因之一，特別是在遊戲中花錢購入項目的消費者佔比非常高的區域，都可以預期透過遊戲事業體及網路銷售事業體達到加成的功效。根據 Sea 年度報告書所述，二〇二〇年十二月銷售額為四四億美元，其中中南美洲約佔18％。中南美洲市場於二〇一九年才開始經營，就佔當年營業額的13％，僅次於佔比64％的主要市場東南亞。中南美洲市場過去以遊戲消費為大宗，不過二〇二一年以後開始認真衝刺網路銷售服務，營業額也因此大幅成長，銷售額佔比也可能進一步的增加。

繼東南亞及中南美洲市場後，下一個商業策略也開始推動，蝦皮購物在二〇二一年九月下旬於波蘭、十月中旬起陸續在法國、西班牙、印度開始掛牌並提供服務。顯而易見的蝦皮是採取任何國家都可以免運費的低價策略，無視成本，力求先搶下市佔率。

總有一天能夠開始營利？

因應商業版圖的急速擴張、營業費用也隨之上漲，因此無法預測是否可以營利。二〇二一年十到十二月期間的網路購物事業體的 EBITDA 產生大約為八點八億美元的虧損，以營業額有十五億美元來說，用在販售及市場營銷的花費就佔了八億四千萬美元，可見拓展新開發市場知名度所衍生的廣告花費相當高昂。舉例來說，在印度市場，必須在既有的 Flipkary（美國 Walmart 旗下的地方品牌）及亞馬遜的雙強夾擊下搶奪市佔率，因此就需要比上述兩間公司投入更多的資金，不過如同預期般搶奪上述兩間企業的市佔率非常困難，蝦皮自插旗印度後僅僅五個月就決定在二〇二二年三月

Sea 業績的變遷

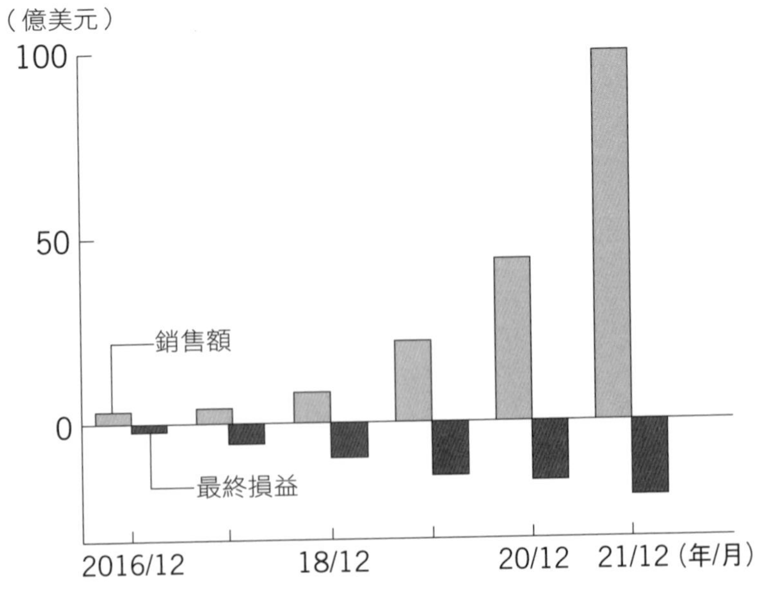

出處：作者以 Sea 公開資料為基礎而製。

底撤出印度市場，也是因應二〇二一年底以後持續下跌的股價，不得不修正持續擴張的商業策略。

雖然Sea身為東南亞的第一大企業，但也不是無法撼動。印尼的知名網路購物公司Tokopedia計畫與同屬印尼的車輛派遣服務公司Gojek進行合併，用更龐大的規模來與Sea抗衡（詳見第4章）。在中國市場邁入高原期的阿里巴巴則將重心轉向旗下的Lazada，進而強化東南亞事業體並搶攻東南亞市場。而蝦皮進軍的國家和地區越多，經營資源就越分散，在東南亞可能無法像過往那樣投入那麼多的費用和人力。

Sea的CEO李小冬在二〇二〇年九月的採訪中主張，「只要減少吸引新顧客的營銷費用，隨時都可以獲利。」只是對於不用花費高額的營銷成本，也能夠擁有極高市佔率的日子真的會到來嗎？這一天真的有可能實現嗎？對於這一個論點抱持著懷疑態度的投資家漸漸增多。

不過Sea並沒有撒手不改善他的收益情況，DBS銀行的分析師就指出，蝦皮購物在二〇二〇年九月，開始調升印尼、越南、台灣等地商家的手續費，例如：越南的手續費自原本的1～2％調升至3～5％。繼台灣之後，馬來西亞的網路購物事業也在二〇二〇年四到六月間轉虧為盈，因此在已經建立好品牌的國家及區域內，獲利得以穩定成長。

藉由金融事業體想達成的目的

第三個主要事業體就是金融事業體。金融事業原本是為了提供自家公司的遊戲及網路購物進行結帳而開始的事業，而若消費者使用 Sea 的電子錢包而不是其他公司的信用卡的話，不只是結帳時不需要將收益分給其他企業，更可以累積金融交易數據。

Sea 的目標不僅止於帳務結算，而是希望能夠提供遊戲玩家及網路購消費者各式各樣金融服務的商業模式。而為了達到這個目的，在東南亞各國陸續取得銀行營業執照，將印尼當地 BKE 銀行納入旗下，並更名為 SeaBank，二〇二〇年更是一舉在新加坡取得網路銀行營業執照，並在二〇二二年終推動相關計畫。另外也與馬來西亞當地企業共同合作，來取得網路銀行營業執照。

以將心力投注於付費通路、銀行等金融事業這件事情來說，與第 1 章所提及的 Grab、第 3 章及第 4 章介紹的 Tokopedia 與 Gojek 合併後的 GoTo 集團都是一樣的。這三個集團作為平台業者脫穎而出的原因，在於控制消費者於網路購物、使用相關服務時的支付及交易功能的改變。

消費者的智慧型手機上登載著許多 APP，為了讓消費者將自家的 APP 擺在首頁頻繁的使用是至關重要的，如果有包含金融交易等多項服務，就更容易獲得消費者青睞，還有促進消費者使用其他服務的加乘效果，上述的三個集團不僅有打破現有大型銀行主導金融秩序的作用，更作為競爭對手，在金融領域爭奪顧客。

與 Sea 的三大主要事業體遊戲、網路購物、金融相比的話，於二〇二一年三月創建的投資產業子公司 Sea Capital 規模是非常小的，但也是 Sea 踏入投資產業的第一步，之後陸續在同年的九月投資墨西哥的網路中古車銷售平台 Kabak、十月開始營運加密貨幣交易所 FTX rating、十一月則投資使用區塊鏈技術提供遊戲交易結帳服務的 Forte。Sea 的投資對象主要是與本身事業體有很深關係的企業及區域，如遊戲、金融事業等，並配置十億美元的投資計畫。

因股價下跌而遭受質疑，經營團隊的真正價值是什麼？

因為疫情擴大，宅經濟也大幅增加，自二〇二一年為止，Sea 一直保持快速成長，公司市值也跟著爆炸性增加。不過來到二〇二二年，全球高科技股顯著下跌，東南亞最具代表性的科技股 Sea，仍維持著五百億美元，與三月創建時相同水平，不過比起巔峰時期的股價，現在只剩下四分之一。

股價下跌這個因素讓 Sea 的發展暫緩。Sea 曾經藉由自己股價高的原因，於二〇二〇年籌募了超過三千億日幣的資金，二〇二一年則獲得八千億日幣的鉅額資金調轉。Sea 靈活應用於世界投資家聚集的紐約證券交易所上市的優勢，藉此獲得大量的資金，成為遠超對手、持續投資的原動力，銷售額及市佔率等持續正向成長，吸引資金投入成為一個良性循環。不過若是因為股價下跌，讓好循環反轉的話，連續赤字則會造成投資撤離，也因此無法為企業保留充足的資金。

過去，美國亞馬遜是虧損的，但這主要是為了未來的利益，因為它將大量的資金投入科技技術及物流設施，這個虧損是有意義的。而 Sea 網路銷售事業體的虧損大部分是因為擴展市佔率而採取特價銷售策略及廣告費用所致。二〇二一年十二月 Sea 面臨創業以來最大的虧損來到二十億美元，就連過去持續穩定收益的遊戲事業，在二〇二一年下半年擴展玩家數量也遇到瓶頸，因此 Sea 的經營團隊也不得不持續關注成長及收益兩方的分配。

改變創辦人的史丹佛大學經驗

最後，想要談談僅僅創業十多年，就成為東南亞市值第一大企業的 Sea，創辦人兼集團 CEO 李小冬的人生。二〇二一年三月，持有 Sea 公司 25% 股權的李小冬被選為美國商業雜誌《富比世》新加坡億萬富翁排名第五位，於當時公布排名的股價計算，股權高達一五九億美元。

李小冬於一九七七年出生中國天津市，畢業於上海交通大學，畢業後在美國知名通訊設備公司摩托羅拉的中國分公司就職，對於是否要繼續將職涯投身於大企業產生了疑問，最後決定前去美國留學。

在美國史丹佛大學攻讀商業管理研究碩士（MBA）徹底的改變了李小冬，他在二〇二〇年九月日本經濟新聞的採訪中曾說到，「老實說留學前，完全不了解創業這件事，不過在史丹佛大學裡獲得與商業人士、運動員、政治家、非政府組織等眾多職類的人相處的機會，也藉此孕育了創業家的精神。」

而其中影響李小冬最深的就是美國 Apple 創辦人史蒂夫．賈伯斯，特別是在親臨賈伯斯於二〇〇五年史丹佛大學畢業典禮上那場傳說中的演講後，李小冬也在隔年與當時還是女朋友的老婆攜手畢業。

從賈伯斯於演講中送給畢業生的金句「求知若渴，虛心若愚（Stay Hungry，Stay Foolish）」中，李小冬得出「對自己的心誠實」的體悟，就此堅定了創業之路，在那之後的每天都會短暫看兩、三次賈伯斯的影片。而那時候李小冬的身邊有個日本人密切的關注他，這位就是 Credit Saison 的專務營運長森航介，也是他 MBA 課程的同學，他們兩人與另一位同學住在一起，並一起完成課堂的作業。

森記得當時李在大學附近的公寓中，不只是看賈伯斯的影片，還會閱讀中國偉人的傳記，並說「李小冬與我一樣，在班上成績並不好，當時還很迷茫」。畢業後，跟隨著女朋友搬到新加坡，二〇〇九年與 Sea 的共同創辦人 Yang Ye 和 David Chen 創立了 Sea 的前身：Garena Interactive Holdings。

冠以「Forrest」之名的價值觀

雖然時至今日，Sea 的三大事業體分別為遊戲產業、網路購物平台、金融產業已經確立，不過創業初期的主軸其實是搖擺不定的，聽說還曾經構想過要創建提供男女約會機會的交友 APP 事業。

大家都稱李小冬為 Forrest Li，其實「Forrest」並不是他的本名，而是來自於他還作為上海平凡大學生時，受到電影「阿甘正傳（Forrest Gump）」的感動，自那以後他就自稱為該部電影主角的名稱「Forrest」。李小冬在二〇二〇年九月的採訪中不諱言的說：「我常常會覺得周圍的人比我還要聰明，看了這部電影後，提醒了我就算不是最聰明的人，也能夠透過充實自己邁向成功之路，這部電影給予了我希望，我希望我活得像 Forrest Gump 一樣。」

儘管 Sea 已經成為一個事業版圖不只侷限於東南亞，更拓展至中南美洲及歐洲的平台商，但行政與關鍵事務仍然是由三位聯合創始人李小冬、Yang Ye 和 David Chen 領導，體制變更等重要事項都沒有做改變。Sea 的優勢在於三位共同創辦人都對於成長有一致又強烈的意念，這也是能從眾多東南亞新創企業裡脫穎而出的重要原因。

根據美國媒體《彭博》報導指出，在 Sea 股價持續低迷的二〇二二年三月，李小冬發出了如下的員工信件：「因為股價下跌，可能會讓您很擔心 Sea 的未來，可是並不需要害怕，現在的苦痛是為了實現未來的長期穩定成長而不得不經歷的日子。」

作為東南亞新創企業的代表，不僅要讓企業成長，投資者的期待及壓力也比想像中多的多，也因此常常讓李小冬的管理能力受到質疑。

第 3 章

Gojek—印尼的驕傲

改變印尼的兩大新創公司

這一章會介紹印尼最大的新創公司 Gojek，並從它的起源談起，直至它今日的商業活動狀況。

Gojek 於二〇二一年五月與同屬印尼知名網路購物企業 Tokopedia 進行整併，分別取 Gojek 及 Tokopedia 公司名稱的前面兩個字母，成為 GoTo 集團。

如同序言所說，上述的兩間公司是代表印尼的獨角獸企業（市場估值超過十億美元的未上市企業），而 Gojek 更是世界只有四十家左右的大型獨角獸企業（稱為十角獸，市場估值超過一百億美元），而 Gojek 這一隻十角獸企業也與世界上各巨型新創公司齊名，像是經營著 TikTok（抖音）的北京字節跳動科技（Bytedance，中國）、由知名企業家伊隆・馬斯克所創立的宇宙企業及 SpaceX（美國）；而 Tokopedia 在發表合併之前，也募集了可以成為十角獸企業預備軍的資金。

GoTo 集團於二〇二二年四月在印尼的股票交易所上市，也是緊追在新加坡 Grab 之後從獨角獸企業蛻變為上市企業的新創企業。雖然創業十年，不過本業的發展卻僅僅只有數年間，就成為起源於新興國家印尼，市值卻超過樂天集團、Cyberagnet[6] 等巨型企業體。

6 編按：日本最大的網路廣告代理商。

而且提到 Gojek 及 Tokopedia 這兩間公司，他們不只是擁有巨型規模的新創企業，更為印尼的社會帶來巨大的轉變，而這對於印尼的社會來說可謂是一次日常生活的革命。因此印尼人民的生活也隨著 Gojek 及 Tokopedia 這兩間公司的成長軌跡，於二〇一五年迎來非常巨大的變化，而這樣的轉變不僅發生在首都雅加達及第二大都市泗水等大型城市，更持續擴展至地方的鄉鎮。

這一章節與下一章節除了會針對 Gojek 及 Tokopedia 這兩間公司對印尼社會帶來的影響進行說明，也會帶大家一覽其創立及成長的歷程。

透過在雅加達的四年蓄積實力，一舉拓展企業的關鍵點

提到印尼給人的印象，大部分的人都會想到峇厘島的渡假村，或是浮現經常出現在歷史課本中的世界遺產，婆羅浮屠寺廟群及只生活在印尼東部科莫多群島的科莫多巨蜥等景象，不論上述的哪一個都是給人「南方島國」的印象，基本上與現代化高樓林立的大都市完全扯不上邊。

不過，撇除這些刻板印象，印尼其實是經濟持續成長的東南亞經濟大國，作為世界口數量第四多的國家，兩億七千萬的人民生活於印尼境內的一萬七千個島嶼，液化天然氣

（LGN）、煤礦、鎳礦……等礦產資源豐沛，在世界各國國內生產毛額（GDP）排名十六位，作為具有人口及礦產資源優勢的新興發展國家，也是東南亞各國中唯一的G20加盟國，而日本企業也瞄準著這兩億七千萬人口的大型消費市場，開始拓點至印尼。

不過因為疫情擴大的關係，雖然經濟成長的速度暫時放緩，不過國際貨幣基金組織（IMF）、亞洲開發銀行（ADB）等都指出，在疫情趨緩後，印尼仍舊會回歸正常的成長軌跡。PricewaterhouseCoopers（PwC）[7]在疫情發生前的二〇一七年曾在「World 2050」的未來經濟預測報告書中提到，二〇五〇年印尼的購買力平價（PPP）[8]將來到世界第四位，在那之後雖然也會面臨到碳中和；淨零排放、數位化等世界的共通課題，不過仍可預見印尼會在二十一世紀成長為世界的經濟大國。

而具有上述潛力的印尼，現今正聚集著許多備受矚目的新創企業，特別是科技公司，其中更是以Gojek及Tokopedia為中心，而這兩間企業到底是如何求新求變，首先我們要從個人的使用者角度來說明。

作者（鈴木）在二〇二二年九月起的半年間，曾在經濟產業省所主辦的實習活動中，於

7 編按：普華永道，是國際四大會計事務所之一，總部於倫敦。

8 編按：是一個用來描述各個國家之間貨幣的購買力的經濟理論。它假設市場是完全開放競爭、貿易障礙不存在、沒有交易成本的情況下，同一種貨幣在不同的國家應該具有相通的購買力。大麥克指數就是一種PPP指標。

印尼工商會（KADIN）中實習。

當年，初來乍到，雅加達高樓林立，這個光鮮亮麗的大城市與傳統印象中「南方島國」完全不符。從速食餐飲到高級餐廳、日常用品到知名專櫃品牌，沒有雅加達買不到的東西，不過這樣的城市與東京最大的不同的地方，大概是被評比為世界上最差、最混亂的交通阻塞及貧弱的通訊環境。

而其中要特別提到雅加達極差的交通系統，就連首都雅加達都沒有設置項日本地下鐵那樣的 MRT 系統（大眾捷運系統），馬路上到處可見私家汽車及腳踏車橫衝直撞，嚴重的塞車已經成為常態，車程所需的時間也完全無法預估，從家中要到公司不到三公里的路程卻需要花費將近兩個小時的時間，如果遇上雨天，光是要攔到計程車就要花上一小時也是常有的事。

而且對於外國人來說計程車是「危險的交通工具」。當時，只有計程車龍頭 BlueBird 及少數幾間計程車公司使用跳表收費的模式，外國人被敲竹槓是理所當然的。對於駐印尼的人員來說「不要搭 BlueBird 以外的計程車」已成為基本常識，而且除了只能用現金進行付款，司機基本上不會找零，所以必須要提前準備五千印尼盾（約十元台幣）及一萬印尼盾的紙鈔。

二〇一六年，也是我第二次停留在雅加達，雖然塞車狀況與四年前時並沒有改變太多，不過仍然發現了很大的轉變。那就是開始使用智慧型手機來呼叫計程摩托車，在雅加達的市中心，能夠看到許多單手拿著手機在等待 Gojek 司機的民眾。除此之外，購物模式也出現了轉變，以 Tokopedia 為中心的網路購物模式正在悄悄的升溫。

為了解決社會問題而開始創業

Gojek 及 Tokopedia 這兩間科技技術公司都起源於二〇一〇年，並在二〇一五年技術逐漸成熟。而為了解決社會問題而開始創業，是這兩間公司的最大共通點，詳細會在後面的章節進行介紹，而 Gojek 致力於改善交通及消除貧窮，Tokopedia 則是希望能消除零售業區域間的服務差異。

還有一個共通點就是，兩間公司創立時所選擇的目標市場都是朝向大眾群眾去進行服務設計及規劃。

以市場行銷教科書中的說法來說的話，在發展中國家，BOP（bottom of the pyramid，窮人中的窮人）模式就是做生意的常規方式之一，也就是以人口金字塔底層的低收入者為目標客戶，是一種「廣且淺」的商業模式。另一方面，還有一種針對僅佔少少百分比的富裕階層則提供「狹且深」的服務。只是要將這兩種服務一體化並提供給所有群眾卻意外的非常少。

Gojek 提供了「社會所有階層都能夠使用的稀有服務」（來自 Gojek 的加盟店負責人 Ryu Suliawann），而同樣的特點也展現在 Tokopedia 上。兩間企業都以為了實現「商業民主化」來提供各種服務，讓不管是有錢人還是窮困者，都可以透過智慧型手機公平的進行商品的買賣。

下一節起，將帶大家一覽以印尼兩億七千萬人為目標客戶提供服務的巨型新創企業成長軌跡。

創辦人實際現場演練的餐食宅配服務

在這邊也必須跟大家自首，作者（鈴木）二〇一六年四月待在雅加達的時候，並沒有注意到 Gojek 這一家新創公司，而雅加達的同事已經關注到 Gojek，並且進行採訪解到其企業狀況，不過，當時我認為，這只是「印尼版的用智慧型手機呼叫車的服務」而已，真要說的話，當時印尼的新創企業才剛剛開始吸引世界的目光，其中認為 Gojek 能夠成長為世界上舉足輕重的巨型企業的人很少。

而與 Gojek 創辦人及集團最高執行長（CEO）Nadiem Makarim 的訪問來自於一次意外的見面。

二〇一六年五月二十三日的晚上，在雅加達市中心的高級購物中心 Pacific Place Mall 的 The Goods Cafe 咖啡廳內與佐科政權的官員餐敘，主要是針對隔日佐科・維多多總統的採訪細節進行討論，並向總統「會做事的內閣」中主要的幾位官員詢問有關政權的問題，這場聚會聚集了外交部長蕾特諾・馬爾蘇迪、同時為教育與文化部長及佐科心腹的阿尼斯・巴斯威丹（現任雅加特區首長）、以及民間企業出身的通訊和訊息技術部長魯迪安達拉等官員，與《日本經濟新聞》及《金融時報》組成的訪問團進行意見交換，而也是在這個場合中，接觸了展露著新銳經營者鋒芒眾多年輕企業經營者之一、稍稍來遲的 Nadiem Makarim。

記憶中他雖然身材嬌小卻穿著寬鬆服裝，不過之所以讓我印象深刻是因為他在那個場合中，向大家實際演練了 Gojek 眾多服務之一的 GoFood 服務，也就是 Gojek 提供由司機外出購買包含路邊攤在內的餐廳食物，然後宅配至家中及辦公室的核心服務。

他拿出智慧型手機並說到：「現在要為大家展示，將總統兒子所經營的 Murtabak[9] 的食物送到這裡」。十五分鐘後，穿著綠色騎士夾克的 Gojek 司機提著 Murtabak 的食物出現在 Pacific Place Mall 的 The Goods Cafe 咖啡廳內。

他在我們的眼前實際演練了 Gojek 的服務，同年也就是二〇一六年六月八日 Gojek 成長

9 印尼風味的什錦燒。

為了印尼第一間獨角獸企業。

Gojek 並不是車輛派遣服務公司

Gojek 是由 Nadiem Makarim 於二〇一〇年創立的，當時，它是一個調度計程摩托車的呼叫中心，直到二〇一五年才透過 APP 啟用現在的核心服務。

站在使用者的角度來說，由單一個 APP 提供車輛派遣服務、餐食宅配服務、貨物配送服務以及以電子錢包等多樣服務，Gojek 與第一章所提及的 Grab 服務內容非常相似，實際上兩間公司在印尼及新加坡等地也是持續的競爭。最初 Gojek 作為車輛派遣中心，用日文來說就是「車輛派遣服務」，是翻譯自英文的是 Ride Hailing（網絡預約出租汽車）。

說到車輛派遣服務的話，代表企業鐵定是美國龍頭 Uber Technologies，Uber 於二〇〇九年創立於美國，雖然透過 APP 來叫車這部分是一樣的，不過就如同前面 Ryu Suliawann 所說，「Gojek 不是 Uber 的仿冒品」。「使用 APP 這一部分的確是參考 Uber，不過提供的服務卻是完全不同的」，能夠證明這一點的就是，Gojek 開始創建 APP 最晚不會超過二〇一五年，當時就已經不只有車輛派遣，同時還提供餐食配送的服務，而 Uber 開始著手於餐食配送服務 Uber eat 則是更晚一點的時期。

據 Nadiem Makarim 所說，Gojek 發想的原點是來自於印尼的計程摩托車 Bike Taxi（Ojek），Ojek 可溯自一九七〇年，在 Grab 及 Gojek 的服務滲透至全國之前，街上到處都能看到寫著「Ojek」的手持看板景象。

Ojek 是一種便利的交通工具，在緊急情況下，比較不用擔心被交通阻塞影響，不過對消費者來說，價格是協商制較為不透明。另一方面，對於 Ojek 的司機來說，接單區域也有詳細劃分，跟計程車的經營範圍一樣，每個司機只能在特定的領域接客，也就是說就算在經營範圍外有客人要搭車也無法接送，若是不回到經營範圍內就無法載送下一位乘客，因此導致工作非常的少且不穩定，許多司機是整日橫躺在摩托車上睡覺。

當時還在美國顧問公司雅加達分公司工作的 Nadiem Makarim，在街道中移動時常選擇 Ojek 作為交通工具，所以也深刻了解其中存在的問題。他想，「如果能夠改善 Ojek 效率的話，對於消費者及司機來說都能夠獲益」，進而開始思考如何實質提升效率，讓司機不管何時何地都可以接受訂單，縮短待機時間，而且不只是接送乘客，還可以擴展到運送商品，大大增加司機工作量。

Nadiem Makarim 在二〇一九年五月日本經濟新聞的訪問中提到 Gojek 的設計構想如下：「我不希望 Gojek 被認為是車輛派遣服務平台。Gojek 是提供沒時間的人向有時間的人購買時間的平台。」忙碌的消費者向有時間的計程摩托車司機購買時間，尋求移動及購物的服務，我認為 Gojek 是由一個獨一無二想法下所誕生的。

Nadiem Makarim 與其在哈佛大學相遇的夥伴們

在此想要進一步談談 Gojek 的創辦人 Nadiem Makarim，他是印尼知名律師 Nono Anwar Makarim 的兒子，一九八四年七月四日出生於新加坡，是在菁英階層的富裕家庭中長大。就如同印尼多數的菁英一般，Nadiem Makarim 也前往美國就讀大學，並於知名大學畢業後，在美國顧問公司的雅加達分公司工作時，因 Ojek 獲得的創業靈感。

只不過他並沒有馬上創業，二〇〇九年進入美國哈佛大學就讀商業管理研究碩士，而這項決定也大大改變他今後的人生。哈佛大學提供許多創業相關的知識及訓練，奠定了他想要透過創業來改善母國印尼的社會問題，而最重要的是在哈佛大學的期間，結識了引領他在東南亞開啟新創企業的朋友們。

像是在合併後還繼續合作的 Ryu Suliawann，正是比 Nadiem Makarim 更早一年進入哈佛大學商業管理研究碩士就讀的企業家，也是印尼不動產、ＩＴ（資訊科技）知名企業 MidPlaza 集團的富二代，他本人與日本 Veritrans（現稱 DG 金融科技公司）合資創辦了印尼第一間線上交易公司 MidTrans。

而與 Nadiem Makarim 同班的還有 Aldi Haryopratomo，他創建 Ruma 這間新創企業，在大家都不曾提及金融科技（Fintech）的二〇〇九年，就開始使用被稱為 Mapan 的科技來提供小額融資服務，還曾經被視為可能成為印尼初始的獨角獸企業而備受關注。

而 MidTrans 與 Ruma 也相繼於二〇一七年與 Gojek 合併，Ryu Suliawann 擔任 Gojek 店鋪拓展業務部門的負責人，Aldi Haryopratomo 則是負責帶領 Gojek 電子錢包、線上支付（GoPay）部門，而 Aldi Haryopratomo 在那之後離開了 Gojek，現在作為新創企業的導師，致力於孕育印尼的創業家。

他在哈佛大學時期還有一位夥伴，就是作為 Nadiem Makarim 的競爭對手 Grab 的創辦人兼 CEO 陳炳耀。

命中注定的對手，與 Grab 激烈的商業競爭

「Grab 是 Gojek 的複製品。」

「我們才是原創。」

在東南亞的同業 Grab 進軍印尼市場後，Nadiem Makarim 對於 Grab 曾提出多次強烈的發言，對於經常被認為是矜持保守的印尼人來說，這是非常罕見的強硬發言。就如同上面所

述，Nadiem Makarim 與 Grab 的創辦人陳炳耀同時在哈佛大學商業管理研究碩士（MBA）就讀，兩人彼此是認識的。

而兩人的緣分並不淺，同樣是東南亞出身，同業畢業於哈佛大學 MBA，幾乎同時創立服務內容相似的企業，且兩間公司的企業色也都是綠色。在原先最早的時候，據說曾經有過整合 Gojek 與 Grab、一同發展事業體的計畫，不過 Gojek 的知情人士透露，Grab 在招募到大量資金後，這個傳聞也跟著煙消雲散了。

Gojek 是印尼的第一間獨角獸企業，在印尼包含上市企業在內，企業價值及市值超過十億美元的公司並不多。如果與總部設置於金融機能配置良好的新加坡的 Grab 比較的話，無法否認在資金招募這一部分真是望塵莫及。競爭對手 Grab 陸續獲得軟銀集團的軟銀願景基金、TOYOTA 自動車等多筆的資金投資，得以進一步拓展事業體；相反的 Gojek 只招募到相對較少的資金。Nadiem Makarim 有點自嘲的說：「創業時，我們只能向銀行貸款兩千萬美元，而對手卻能夠獲得兩億五千萬美元，（中間略過）我們可能曾經是『喪家犬』，可能還比喪家犬更不如。」（於二〇一九年五月時日本經濟新聞訪問）

而另一方面對於 Nadiem Makarim 來說，「因為 Gojek 並沒有持有股權的股東，經營團隊可以完全掌控公司的發展方向及命運」，不用受到來自於投資人的壓力，能夠擁有完整的經營「自治權」是非常重要的優勢。不過在他離開後的 Gojek 卻開始承受來自於投資人的壓力並陷入被操弄的泥沼間，在他退任後 Gojek 的經營情況、與 Tokopedia 合併後的營運狀況將詳細於第 4 章節中介紹。

Gojek 與 Grab 兩間公司不只是在資金招募方面有激烈的競爭，在事業發展上，也持續的在印尼市場彼此攻城掠地，且擴及到事業體所有服務項目。與民眾日常生活息息相關，藉由一個 APP 提供所有服務的超級 APP，商業上的攻略及摩擦在印尼也是在所難免的。

Gojek 起源於提供摩托車及汽車的派遣服務，一開始也的確在印尼佔了先機，不過自二〇一八年三月 Grab 收購 Uber 東南亞事業體後，印尼車輛派遣的勢力版圖開始發生變化（詳請參考第 1 章）。雖然 Gojek 與 Grab 沒有公開個別使用業績，但根據印尼交通部當局的資料為基礎來推算，把 Uber 也算進去的話，在二〇一八年這三家印尼車輛派遣服務市佔率分別為：Gojek 45．5％、Grab 45．1％、Uber 9．4％。以個別來說，雖然 Gojek 稍稍佔了上風，但 Grab 若是再加上 Uber 的數據後，Grab 反而超前 Gojek。

而下一階段的競爭區塊則是包含電子錢包等服務的金融事業體，雖然一開始 Gojek 的 GoPay 更勝一籌，不過 Grab 與印尼知名財閥力寶集團（Lippo Group）開始合作發展電子錢包、並對於 OVO 投入資金後，市場的競爭也因而變得更加激烈。

二〇一八年，Grab 新加坡總公司為了拓展線上交易服務，由領導 GrabPay 部門的 Jason Thompson 就任 OVO 最高執行長。在那之後，以雄厚資金實力為發展基礎，提出回饋 30％點數的大膽策略，就線上交易總額來說，OVO 也一舉躍升為印尼第一大電子錢包服務公司，而 OVO 的出資者還包括 Tokopedia，是印尼第五間獨角獸企業（OVO 的詳細介紹，請參考第 8 章）

與 Grab 商業競爭所獲得的益處

Grab 在印尼市場仍然繼續展開猛烈的攻勢，因為對於商業版圖擴展至東南亞八個主要國家的 Grab 來說，印尼是最大的市場，這個市場的成敗也著實影響著企業是否能夠成功。

實際上，Grab 的創辦人及最高執行長陳炳耀不斷頻繁的前往雅加達，作為東南亞數一數二的年輕經營者，並且擁有財富及名聲，「他並不在乎外表」（Grab 知情人士透露）。搭乘廉價航空（LCC）、穿著寬鬆的 T-shirt、住在雅加達市中心平民旅館都是常見的事，特別是作為 OVO 的主要投資者，「幾乎一週出現一次，頻繁地與幹部開會，隨著陳炳耀的到來，整間公司進入了蓄勢待發的狀態」（OVO 相關人士透露）這一位相關人士從陳炳耀身上感受到不顧一切想要拿下印尼市場的非凡決心。

約在二〇一八年，Gojek 與 Grab 的商業競爭趨近白熱化階段，隨著競爭越顯激烈，Gojek 創辦人 Nadiem Makarim 的強烈發言也讓這個商業戰爭升溫，但他在於越南首都河內進行的《日本經濟新聞》採訪中卻是這麼說：「事實上，如果不是與 Grab 競爭的話，我想 Gojek 也無法成長得如此茁壯」。

開創事業後，Nadiem Makarim 與陳炳耀持續的忙碌，身為哈佛大學同班同學的兩人溝通也變少，對於彼此的公司都成長到至今的規模，若是見面的話到底會說什麼呢？

成為「印尼驕傲」的 Gojek

二〇一九年四月十一日，印尼五年一次的總統大選選前之夜，現任總統佐科．維多多出席由 Gojek 在雅加達北部的度假村安可聽舉辦的活動，對於要尋求連任來說，在大選最後這個寶貴的時刻為什麼要去參加 Gojek 的活動呢？分析其背景的話，就可以了解到 Gojek 包含車輛派遣等服務已經成長到足以撼動政治的實力了。

佐科．維多多總統所參加的是 Gojek 優良司機的頒獎活動，藉由評價車輛派遣實際績效及服務滿意度等部分來表彰優良司機。原本以為可能一生都與受獎無緣的 Gojek 司機，這場表彰活動更是他們一生一次能夠發光發熱的舞台，數以千計的司機被免費的招待，還請來人氣歌手及樂團演奏，更是將這場活動在電視上現場直播。

佐科．維多多總統登台致詞提到「使用過 GoFood 的服務」，接著現場就有一位男性司機自報姓名說：「自己就是那位曾經將烤雞送到茂物宮（Bogor Palace，總統府）的司機」，完全沒有催票及選舉等相關的發言，印尼的最高權力者親自與司機對話的姿態，深深烙印記司機們的內心，並認為「佐科維[10]是我們的夥伴」。

佐科總統的親信海事統籌部長[11]鲁胡特．班查伊丹是活動嘉賓，還穿著 Gojek 司機的綠色制服參加了活動前的記者會，也大大坐實了「印尼驕傲」這一共識。

不過確實是如此，回顧歷史上印尼的主要產業都是由外國企業帶

10 佐科．維多多總統的暱稱。
11 現任海事與投資統籌部長。

出席 Gojek 記者會的鲁胡特．班查伊丹（正中間）及 Nadiem Makarim（後排左邊數來第 3 人），作者攝影。

來的，在過去身為產油國時期的時候，主角是 Royal Dutch Shell、Chevron 及 Exxon 等石油巨頭；而新車販售市場則由日商 TOYOTA 汽車及三菱汽車佔有九成以上的市佔率。印尼的年輕人在國內創建世界首屈一指的ＩＴ（資訊科技）企業，也確實給予印尼人莫大的自信。

對於被政治家所提及的 Gojek 來說，不單單只是更接近實現創新的「印尼夢」，更是成為一股對於民眾來說無法忽視的影響力，二〇二一年初 Gojek 官方所公佈的司機人數約兩百萬人，真實數字則不明，只能說在二〇一九年時就已經超過一百萬人。根據印尼汽車製造產業協會的資料，具代表性的汽車製造商所雇用的從業人員約有一百五十萬人，Gojek 的司機規模再怎樣也會比一百五十萬人更大。

顛覆車輛派遣服務禁令的男人

不只是政治家們利用 Gojek 的影響力，Gojek 同樣也是透過政治家的支持來解決商業上的問題，特別是法規方面的限制，包括在佐科總統在內的有力政治家的支持，保護新創企業免受既得利益者的侵害。

Gojek 最初的叫車服務在多數國家幾乎都是遊走在法律邊緣的灰色地帶。特別是個以個人私家汽車載客，並且透過 APP 來收取對價費用的服務，在有些國家來說這是「白牌計程車」，會有相關罰責，就連日本也是如此，多數的國家政府當局有計程車登錄的規範，計程車司機也必須具有特殊的證照才能夠載送乘客。

印尼也遇到相同的狀況，計程車業界主張「讓沒有證照的司機載送乘客會有安全上的疑慮」，雖然不能斷言有登錄的計程車及具有證照的司機就一定是安全的，不過 Gojek 所經營的汽車車輛派遣服務，的確牴觸了印尼交通安全相關法規。

車輛派遣服務在設立初期就遭遇非常多制約，二〇一五年十二月印尼交通部發布禁止透過 APP 提供車輛派遣服務的公告，這一個禁令大概是因為計程車業者強烈反彈所導致，所以使用智慧型手機進行車輛派遣服務的夢想在一開始就被掐熄了。

不過，多虧了一位男人，印尼的首席 No. 1，沒錯，就是不同於其他總統的佐科．維多多，對於上述禁令，他傳喚了當時的交通部長 Ignatius Jonan 並嚴厲斥責：「這個禁令到底是為誰制定的？」

無法使用像 Gojek 這樣的車輛派遣服務，民眾就少了很多當司機的就業機會，這與佐科．維多多總統富裕民眾生活的政治理想背道而馳，雖然交通部長 Ignatius Jonan 只是遵從法律，在某種意義上甚至算是受害者，不過仍然被國家的最高權力者斥責，進而撤回相關的法令。在那之後，車輛派遣服務才實質上符合印尼法律的規範，若是這個禁令沒撤回的話，Gojek 也無法成長為如此規模的新創企業，這也意味者，撤回禁令可以說是佐科．維多多總統的關鍵之舉。

倚賴政治力量是把雙面刃

在最大市場的印尼進行政治活動這一點，作為對手的Grab也是如此的。如前所述，創辦人兼最高執行長CEO的陳炳耀頻繁來訪雅加達，並多次與政府幕僚進行會談。二〇一七年一月，他讓印尼國家警察總長的Badrodin Haiti擔任印尼公司的監察委員會的會長，Grab與Gojek相比擁有更多資金，他強調會在印尼投資，並試圖討好佐科．維多多政權。

Grab在二〇一七年二月於雅加達市中心的高級飯店Pullman Jakarta內招開記者會，以「Grab for Indonesia」為題的活動中，宣布至二〇二〇年止，預計在印尼投入七億美元的資金，協助設置研究開發中心、支援新創產業的投資基金及運營系統，其中特別針對佐科政權注重的培育ＩＴ等高度技術企業、人才發展……等加以闡述。而陳炳耀也特別穿著印尼的傳統服裝巴迪（Batik）登上演說台，他強調希望對於印尼的發展做出貢獻，並說：「這項投資將促進印尼的數位化經濟發展。」

二〇一九年七月二十九日，陳炳耀及Tokopedia的創辦人兼CEO的William Tanuwijaya陪同軟銀集團的孫正義會長與與佐科總統在雅加達市中心的總統官邸進行會談，席間孫正義多次提及將透過 Grab 於印尼投資二十億美元並在印尼設立 Grab 第二總部的計畫。不過截至二〇二二年三月的今日，Grab 尚未在印尼使用第二總部這一名稱。

歸功於 Gojek 與 Grab 向各方政要激烈的遊說，在車輛派遣服務的禁令徹底移除後，兩間公司也可以自由的拓展服務。但最重要的是，差不多到了二〇一八年初時，兩間公司的服務早已成為民眾日常生活不可或缺的一部分了，在穩固民眾對於服務依賴的同時，還明確的引導民眾若是這樣舒適的服務被政府禁止的話，要將批判的矛頭指向當今政府。

以司機數量作為政治靠山其實也是

於雅加達舉行的司機抗議示威活動。（2018 年 3 月 27 日）作者攝影

把雙面刃。針對改善司機待遇的抗議活動日漸激烈，提供車輛派遣服務的司機們集結為勞工聯盟，於二〇一八年三月二十七日，約有超過一千名以上的司機集結在雅加達總統官邸前進行大規模的抗議示威活動。佐科總統也接見了抗議團體代表並承諾「會與企業端對話來尋求解決的方法」。Gojek 等企業也承諾會改善司機的待遇，不過這也可能會加重業績的負擔。（對於零工的保護將於第9章進行說明）

突然就任教育與文化部長對於 Gojek 的衝擊

二〇一九年十月二十三日，這天就這樣來了。同年的四月佐科總統在大選中贏得連任，並任命代表印尼年輕企業家的 Nadiem Makarim 為印尼教育部長，他就任時僅僅只有三十五歲。也是佐科總統啟用的首位千禧世代的官員，而依據法規政府官員不可兼任民間企業的職位，Nadiem Makarim 還因此辭任 Gojek 的 CEO 一職，而這一場突如其來的辭職戲碼讓人無法接受。

從數日前就傳出來這樣的流言，當天，Nadiem Makarim 身著白色襯衫進入總統官邸。「Nadiem Makarim 進入總統官邸了」，於總統官邸入口附近蹲點關注內閣名單的記者們緊張不已。佐科總統傳喚 Nadiem Makarim 前來總統官邸，這也代表了他將入閣。

對於一心想要振興經濟的佐科總統來說，第二任期最重要的政策莫過於推動數位化，而最佳人選就是一手促成印尼最大新創公司 Gojek 的 Nadiem Makarim 莫屬，數位化部長、通訊和信息技術部長等各式各樣的傳聞相繼而出，而經過數小時，出現在記者群面前並由 Nadiem Makarim 親口公宣布擔任教育與文化部長職則讓人有些意外。

為什麼是教育與文化部長呢？這在 Nadiem Makarim 同一天發給 Gojek 的員工信件中可一見分曉。

Nadiem Makarim 回顧了開拓 Gojek 至今的旅程，從一家「除了讓事情變成現實之外什麼都沒有」的公司，到一家至二〇一九年為止的九年間，於印尼及東南亞成長為「真的能夠改善廣大群眾生活的科技公司」，乘載著這段經歷，他將他的就任原因記述如下：

「這一段旅程的下一階段會是哪裡呢？Gojek 需要具有才能的人才。如果期望印尼從今以後能夠孕育出更多具有高才能的人才，我們不得不改革國家的教育體制，學校、教育相關政府單位都需要因應未來經濟的期望去進行改變，所以我接受了教育與文化部長的任命，而我也認為這是我的使命。」（Nadiem Makarim 寄給 Gojek 員工的電子郵件，二〇一九年十月二十三日）

對於佐科總統的第二任期來說，開發及培養人才是最重視的部分。第一任任期的五年間，持續的放鬆投資相關法規限制及簡化投資手續，以招募國外資金投入印尼市場為主要政策導向。而下一階段就是配合產業的需求，注重人才的培養及發展，更早早的注意到了 Nadiem Makarim，決定再度參選後的二〇一九年四月即開始與 Nadiem Makarim 接觸進行後續佈局。

佐科政權首先注意到的是 Gojek 關於勞動者們的數位化模型案例。Gojek 大部分的司機都屬於非正規經濟群眾，並不像一般上班族獲得每月固定的薪資，而是作為 Ojek（計程摩托車）司機賺取零散生活費的低所得者。Gojek 提供他們智慧型手機，讓他們具有所謂的數位化裝備，並藉由使用智慧型手機讓數以百萬的司機獲得更好收入這一操作，佐科政權給予非常高的評價。

印尼的勞動人口約有將近一成只有小學學歷，過半以上只有中學以下的教育程度，改革教育系統，孕育出能夠貢獻於產業界的人才，要解決這一大規模的社會問題，就必須仰仗就任時只有三十五歲的 Nadiem Makarim。

Nadiem Makarim 就任教育與文化部長後，原為董事長的 Andre Soelistyo 及共同創辦人 Kevin Aluwi 共同接任 CEO。雖然在就任記者會新聞稿中說明，Gojek 事業體「不會因此而改變」，不過實際上在創辦人 Nadiem Makarim 離開後，相比於實現超級 APP 的理想，在商業策略上轉為更注重獲利能力。

對 Gojek 來說最大的改變莫過於服務項目的減少，安排按摩師傅到家中按摩及家事代理的服務就此束之高閣。

在創辦人 Nadiem Makarim 離開 Gojek 的時期，不免讓人對於其作為獨角獸企業的價值懷有疑慮。「因為沒有其他股東，所以能夠保有經營發展的自主性。」過去曾誇下海口不需要顧慮投資者意見的 Gojek，為了能夠一心一意的擴展服務，只能將選擇集中，某種程度上來說快速調整發展方向對於企業來說也是理所當然的。

第 4 章

Tokopedia—
大規模整併為「GoTo」

「喪家犬」培養出來的巨大網路購物通路

在第3章中，以創辦人 Nadiem Makarim 的發言與事跡為基礎，觀察了 Gojek 成為巨大新創企業的軌跡。Nadiem Makarim 在日本經濟新聞的採訪中表示，Gojek 是從「喪家犬」一躍成為馬來西亞的代表性新創企業，不過說到「喪家犬」，印尼還有一位扭轉成功的男人，那就是知名網路購物通路 Tokopedia 創辦人兼 CEO 的 William Tanuwijaya。在二〇〇九年，印尼幾乎還沒有什麼人使用網際網路的時代，Tokopedia 在雅加達默默發跡。

William Tanuwijaya 身為 Tokopedia 的創辦人，卻與 Gojek 的創辦人 Nadiem Makarim 過著截然不同的人生。William Tanuwijaya 不是出生於雅加達，而是出生在蘇門答臘島北部小城市先達（Pematangsiantar），父親是工廠的工人，在一個非常一般的家庭中長大，相比於東南亞新創企業家大多都是生長於富裕家庭、在美國、澳洲、新加坡等地留學，他則是畢業於雅加達當地有名的私立大學，而且從蘇門答臘島到雅加達所在的島嶼就讀大學，搭乘的不是飛機，而是需要「搭船四天才能夠抵達。」（William Tanuwijaya 這麼說到）

William Tanuwijaya 因為大學時期在網咖裡打工，所以長時間沉浸在網路世界中，也就此了解不管身在何處，網路的無限可能性讓我們不會與世界脫節，也奠定了他要透過網路創業的決心。

「Tokopedia」源自於印尼語的店鋪「Toko」再加上代表者百科全書的「Pedia」，有印尼網路店鋪百科全書的深層意義，不管住在哪裡，都能夠自由的買賣商品。在他構想出網路上聚集許多的商家，在網路上實現這種「理所當然」的服務，成為被稱為亞馬遜、阿里巴巴集團的企業。

創業的起源來自於 William Tanuwijaya 在孩童時期，因為生活在蘇門答臘島的小城市，無法隨心所欲買到想買的東西，他說：「小時候，為了買書，都要搭好幾個小時的車前往省首府棉蘭，所以希望不管在全國何地都可以買到想買的東西。」

這不僅適用於消費者，也適用於賣家。因為，即便有再好的商品，也會因為與雅加達有物理上的距離，讓買賣變得不順暢。而 Tokopedia 的創業理念就是想消除這樣的情況，「商業民主化（Democratization of commerce）」也因此孕育而生。

不過，在印尼網際網路還沒有普及的年代，對於沒有錢也沒有門路的年輕人來說創業是非常困難的。William Tanuwijaya 提到，他曾多次被投資人評論：「你做是不可能成功的，放棄吧。」光是募集資金就花了將近兩年的時間。

目前登錄於 Tokopedia 的商家數量竟高達六百萬家，是日本亞馬遜中登錄的中小型商家將近四十倍的數量，不只是在雅加達、泗水及棉蘭等主要大城市，就連被稱為二、三線城市的中小規模市鎮也具有數量眾多、種類廣泛的商家。

William Tanuwijaya在採訪中時常會用到「喪家犬」這一用詞，並說到「在網際網路的時代，不管是誰、甚至是喪家犬都能夠打破現況，在每次的阻礙下生存下來並取得勝利的機會」。雖然他給人安靜且沉穩的感覺，不過對抗菁英體制的熊熊烈火卻在他心中靜靜的燃燒著。

如同《航海王》一樣，揚起小小的船帆啟航

在Tokopedia創業超過十年的歷程中，初期與日本企業有較深的淵源，與軟銀集團的關係會在後面詳細敘述，不過在二〇一一年Cyberagnet體系的創業投資公司對其投入資金，二〇一二年則獲得Netprice（現為BEENOS）的投資。

Tokopedia就連企業文化方面也深受日本所影響，有鑑於創辦人William Tanuwijaya喜愛日本漫畫的關係，並且非常愛看《航海王》（One Piece）的漫畫，而Tokopedia的員工被稱為「NAKAMA（夥伴）」也是受到航海王的影響，William Tanuwijaya也表示「Tokopedia是向（主角）魯夫學習One Piece的哲學」。

二〇〇九年創辦Tokopedia的時候，不只是募集資金非常困難，甚至連招募人才都遇到許多阻礙，因為印尼的勞工中，只有約一成左右具有大學學歷，但他們都更期望可以進

入外商公司或財閥等大型企業，對於才剛剛成立的網路銷售公司根本不會看在眼裡，雖然William Tanuwijaya 也曾親自站在召募大學生求才說明會的攤位上，卻一個人也沒有。

在那個時候他腦中閃過了《航海王》，魯夫說要成為海賊王而被眾人取笑，但他還是用不起眼的小船啟航了。而 Tokopedia 也是如同《航海王》中的海賊一般，二〇〇九年初出茅廬的 Tokopedia 全公司僅只有一人，十年後的今天 Tokopedia 卻有超過三千位夥伴的大型企業。現在位於雅加達市中心四十八層樓的高樓也因此改名為「Tokopedia Tower」，來吸引更多的夥伴。

順帶一提，William Tanuwijaya 夢寐以求的秘密是能夠與《航海王》的作者尾田榮一郎見上一面，「我很想知道這部改變我人生的漫畫到底是如何構置而成」。也希望創業的夢想不僅限於東南亞，還希望能擴展到世界各地。

在最辛苦的時候，訪問大阪的理由

Tokopedia 與日本關係匪淺，尤其是大阪這個城市，對於 Tokopedia 及 William Tanuwijaya 來說都非常特殊，可以說 Tokopedia 在大阪重獲新生，大阪也大大改變了 William Tanuwijaya 的人生。

二〇一四年九月底，當時 Tokopedia 陷入資金困境，雖然抱持著遠大理想開始創業，不過在網路使用率還非常低、沒有多少人在用智慧型手機的年代，Tokopedia 的事業拓展不順，投資者的資金也漸漸見底。William Tanuwijaya 說，「如果沒有募到資金的話，十一月錢就會見底了」，為了公司繼續生存下去的希望——或者說是他的人生，他前往關西國際機場來到大阪。

十一月一日，William Tanuwijaya 來到大阪並與紅杉資本的創業投資公司的幹部接洽投資相關的事宜，而這一週內包括來自於軟銀集團的投資，Tokopedia 獲得總額約一百億日幣的投資，Tokopedia 的經營也因此得以延續，此一事件會在之後詳細介紹。

不過為什麼是大阪呢？其實 William Tanuwijaya 交往多年的 Felicia，當時正從醫學院畢業，來到大阪畢業旅行，而 William Tanuwijaya 其實是為了向 Felicia 求婚，才會在對於創業家來說最辛苦的經營危機時期來到大阪。

在與紅杉資本討論結束後，William Tanuwijaya 到街上買完玫瑰花後就趕往梅田空中花園，並在當天的晚上七點突然驚喜的出現在 Felicia 面前，並向她求婚：「妳願意嫁給我嗎？」也得到了肯定的答覆。

而才剛剛嚐到幸福滋味的 William Tanuwijaya，卻沒有沉浸在那感人的氛圍中太久，求婚結束後立刻留下目瞪口呆的未婚妻，趕往大阪國際空港搭乘最後一班飛機前往東京。因為他在東京有必須一定要見面的人，那就是軟銀集團總司令孫正義會長，而且因為這次見面，孫正義會長承諾開始對 Tokopedia 投入資金。

而軟銀集團這筆投資其實是有伏筆的。二〇一三年時，William Tanuwijaya 曾有過向馬雲及孫正義介紹自己的企業的機會，在短暫的會面中，William Tanuwijaya 並沒有具體說明 Tokopedia 的服務事項，而是談到了希望透過網際網路去實現自己的夢想，以及他在網際網中所獲得的機會。

而從軟銀集團得到的協助並不僅僅是資金，還透過軟銀集團的關係獲得世界有名的新創企業經營家馬雲的賞識，在那之後連阿里巴巴也投入資金。

William Tanuwijaya 非常崇拜軟銀集團孫正義會長，經常去拜訪他，後來因為疫情擴大而無法前往。他是這樣讚揚孫會長的：「孫先生（他是用「先生」來稱呼孫會長）真的非常有遠見」，William Tanuwijaya 也繼承了孫正義會長的經營哲學，並以此推動 Tokopedia 再成長。

提供安全的網路購物方式

所謂網路購物通路這一種服務，其實是一種與非常難與其他公司有差異化的領域，在這樣的時空背景下，Tokopedia 為何還能急速成長？讓我們來探討其中奧秘吧。

Tokopedia 此時的商業策略就是主打徹底的開放，舉例來說，帳務交易服務能夠使用信用卡、銀行轉帳、電子錢包、貨到付款等豐富又多樣的支付方式，畢竟以印尼這樣的國家，當時擁有信用卡及銀行帳戶的人並不多，若是能夠含括電子錢包、現金等支付方式，也更容易在市場佔有一席之地。

貨品宅配這一部分也是一樣的，雖然費用可能相對高一些，不過加上活用 Gojek 及 Grab 當天配送的服務，再搭配宅配業者的一般宅配服務，不管是一般件還是速件多種的選擇一應俱全。

而在商品項目的數量上，透過讓商品業者可以免費的使用此購物平台，促進許多業者在平台上架貨品，這樣一來，所有的商品都聚集至 Tokopedia 的平台上，也藉此在印尼的網路購物平台界領先其他公司。而且，如果類似的商品聚集再一起，也能夠刺激商業競爭，達到降價的效果，對消費者來說，也會更傾向至 Tokopedia 購物平台上購物。

而如果獲得了消費者的支持並聚集大量的使用者的話，就能夠接續推出 Tokopedia 專屬商品，再透過此進一步擴展客群，中國製的智慧型手機「OPPO」就曾經在 Tokopedia 預售或限量販售就是其中一例。

而除上述之外，Tokopedia 能夠持續成長還有一個重要原因，那就是防止商品無法送達等問題，塑造能夠安全使用的印象。在印尼網路購物的熱潮時期，就算支付了費用也可能無法收到商品、亦或是收到的商品與刊登商品完全不一樣、也無法退貨或是退款等問題層出不窮，且大多數的狀況，消費者完全只能認栽，而 Tokopedia 當初也曾發生上述問題。Tokopedia 為了應對這些問題的產生，而特別設 Tokopedia Center，並提供線上支付也藉此守護消費者的個資及隱私。

活用 AI 來連結一萬七千座島嶼

二〇一九年，也是 Tokopedia 創業的第十個年頭，此時 Tokopedia 開始從一個集許多店家的商家集合體，轉變為包含一個零售業基礎設施公司，並且包括線下零售店，就像 Gojek 從車輛派遣中心服務起家，蛻變為横跨宅配、電子錢包的事業體，遵循科技公司的成長途徑（詳見第3章），Tokopedia 也從網路銷售公司慢慢蛻變為活用 AI 技術的零售業基礎設施的科技公司。

這說起來容易做起來難，實際要在具有一萬七千個島嶼的印尼執行，光是要解決場地的限制讓買賣雙方進行交易就遇到許多困難，而 William Tanuwijaya 則在各地建造倉庫，並活用 AI 技術來預估需求，藉此找出符合印尼的商業模式。

而為了能夠活用 AI 技術進行研究，Tokopedia 也協助印尼國內的頂尖學校設置 AI

研究中心，特別是針對印尼無處不在的物流問題。Tokopedia 也非常注重的優秀人才培育及招攬，透過產官學加以研究推動。

以AI為主軸，將印尼全體零售業數位化，這個構想是將「商業民主化」的概念從網路擴大到零售業全體的夢想藍圖。作者（鈴木）採訪 William Tanuwijaya 時，他也提到，不止是網路銷售平台「而是希望在不遠的將來，在農業及漁業等企業都能夠在結構上活得實際的改善」這一遠大目標。

緊追 Sea 其後，爭奪韓流明星

二〇一九年四月印尼啟用首座地下鐵「雅加達 MRT」，其中心交會站為 Bundaran HI 站（飯店 Hotel．印尼 Indonesia）是以 Tokopedia 的企業色綠色為主體而設計，從櫃檯的樓梯、置物架等所見之處無不標示著大大的「Tokopedia」，如果以日本來說的話，大概就是銀座四丁目、大手町等地刊載者大量的廣告，藉此向世人展示著 Tokopedia 是印尼中首屈一指的茁壯企業。

不過實際到二〇一九年為止，Tokopedia 網路造訪人數已在印尼網路銷售平台居冠，中國阿里巴巴集團在東南亞投資的 Lazada、當地的獨角獸企業 Bukalapak（現今已於印尼證券交易所上市）等企業正緊追其後，不過作為當地網路銷售平台的老字號也始終為龍頭企業，畢竟就如同前面所述，Tokopedia 能夠連結印尼一萬七千座島嶼並建構屬於印尼的商業模式及物流特性等，也是需要經過長年的經驗累積，可不是一蹴可幾的易事。

不過現在商業社會的變遷之快真的是讓人頭昏眼花，印尼的網路商業世界也是，William Tanuwijaya 時常對自己說「如果停下腳步的話，就會被對手追過」，商業世界的奧妙，就在於會突然出現一顆耀眼的明日之星，然後一舉佔有很大市佔率的企業，那正是 Sea 的網路銷售通路「蝦皮購物」（詳見第 2 章）。

雅加達市中心地下鐵所鋪設大量的 Tokopedia 廣告。（作者攝影）

約自二〇一八年起，Tokopedia 透過由具有潛力的明星及全球知名明星拍攝吸睛的電視廣告來提升知名度並擴展服務，例如知名足球選手羅納度結結巴巴的說著印尼語的廣告蔚為一時的話題、知名度也一舉提升。到了二〇一八年末，韓國的知名女子團體 Blackpink 被選為 Tokopedia 的企業品牌大使，並透過大膽的回饋及銷售策略穩穩地喚起消費者的消費需求。

與其他新興的網路銷售公司相比，最初 Tokopedia 在廣告的曝光上投入的較少，這是錯過一部分喜歡新奇事物、愛變卦的消費者的原因之一。根據 iPrice Group 的網路銷售企業的造訪人數數據調查指出，二〇一八年十到十二月期間的網站每月平均造訪人數，首位是 Tokopedia、其次則是 Bukalapak、而蝦皮購物則為第三，Tokopedia 的造訪人數更是第三位蝦皮購物的二點五倍，而經過一年二〇一九年同期的狀況，蝦皮購物則上升到首位，Tokopedia 反而屈居其後，而這大概也是 Tokopedia 創業以來首次跌落龍頭的寶座。

而因廣告戰略被蝦皮購物超越的 Tokopedia 也開始反擊，開始大膽的投放廣告，身為專注於印尼市場的 Tokopedia 有著不能輸的壓力。

Tokopedia 不只找來在全球享有極高人氣的韓國天團 BTS 防彈少年團拍攝廣告，二〇二一年更是請來曾經幫蝦皮購物拍攝廣告的韓國知名女子團體 Blackpink 擔任 Tokopedia 的企業品牌大使，並藉由範圍更廣更大的廣告策略，例如開設電視節目及在社群媒體 Twitter 上播放企業品牌大使 Blackpink 成員說著簡短印尼話的簡短影片，以韓流效應來對抗蝦皮購物的商業侵略。

而透過作者（鈴木）長期的觀察，也能明顯感受到相較過去比較安份守己，近期 Tokopedia 動作頻頻，展示奪回印尼網路銷售產業龍頭寶座的強烈決心。

雖然知道印尼為親日國家，不過在藝能界仍與其他東南亞各國相同，韓國歌手、演員等明星才是具有高人氣的主流文化。韓劇受歡迎到只要推出新韓劇就會立刻被翻譯為印尼語在當地放映的程度，韓國藝能界的新聞、韓國歌手的一舉一動也都會立刻在當地被廣泛播報，Tokopedia 藉著韓流的高人氣，透過社群媒體宣傳以及價格折扣戰、點數回饋等市場行銷策略一舉在網路銷售的認知及獲利率奪回些許市場版圖重要的關鍵。

想當然耳，對於急遽擴大的市場來說，小型規模的網路銷售公司是不可能存活的，Tokopedia 也必須為此投入巨大的資金及資源，第 8 章將介紹力寶集團的 Matahari Mall.com、日本樂天集團等企業相繼撤出印度提西亞網路銷售市場的真實狀況。

雖然只是閒話，但在印尼，相較於韓流人氣來說，日本明星的存在感是非常低的，不管是在廣告、宣傳活動上都是非常少的，就連偶像團體 AKB 48 的姊妹團體 JKT 48 雖然保有一定的知名度及人氣，但跟韓流明星比較來真的是天差地遠。

Tokopedia 也藉由與上述兩大韓流團體的合作收穫極高的效益，雖然在 Tokopedia 的新聞稿內「無法公開具體的數字」，不過根據 iPrice 的調查，二〇二一年一到三月間的網站訪問人數，Tokopedia 已從蝦皮購物手中奪回期望已久的龍頭寶座。

不過單就社群平台的使用上，蝦皮購物與多位知名人士合作，積極的在 Twitter、Facebook、Instgram 等平台開設直播或發佈貼文，仍佔有優勢。同樣是根據 iPrice 的調查，蝦皮購物在 Instgram 帳號的追蹤人數是 Tokopedia 的一點七倍，而隨著疫情嚴峻而日益增加的印尼網路購物需求，Tokopedia 與 Sea 在商業市場上的攻城掠地仍會持續下去。

Tokopedia 與 Gojek 的合併，促成 GoTo 集團的誕生

二〇一五年五月，Gojek 與 Tokopedia 進行整併統合成為 GoTo 集團，分別取兩間公司名稱的前面兩個字母，成為 GoTo 集團，旗下共有營運事業體 Gojek、Tokopedia 以及直屬於 GoTo 集團專注於金融服務的 GoTo Financial 部門。印尼未上市企業估值首位的 Gojek 與企業估值第二的 Tokopedia 進行整併統合，也促成印尼巨型ＩＴ企業的誕生。

在合併的消息發布後，GoTo 集團的企業估值來到一八〇億美元，也是印尼至今規模最大的企業整合項目，二〇二〇年交易總額來到二二〇億美元的水平，也幾乎相當於印尼國內生產毛額 GDP 的 2％。

而原本 Gojek 與 Tokopedia 的股東也紛紛接續成為 GoTo 集團的股東，包括美國的 Facebook（現稱 Meta）、Google、中國的阿里巴巴、騰訊控股、JD.com 等美中兩國大型 IT 企業都名列其中，除此之外其他還有美國 VISA、第三方支付平台 Paypal，日本企業則有軟銀願景基金，印尼當地知名企業行動電話知名 Telkomsel、複合型企業龍頭 Astra．International（英國財閥 Jardine Matheson 的核心企業），新加坡的 Temasek Holdings 也都在其中佔有一席之地（詳見第5章）。

雖然並未明確說明 GoTo 集團合併後的股東構成，不過擔任共同 CEO 的 Andre Soelistyo 在合併的線上記者會上，宣稱 Gojek 與 Tokopedia 是「以對等價值進行合併的」。

檯面下曾經與其他企業交涉過合併事宜

單論結果面來說的話，Gojek 與 Tokopedia 都找到屬於各自最佳的企業合併對象，不過其實最初 Gojek 在探詢合併企業時的首選並非 Tokopedia。沒錯，在這個合併發表之前，檯面下 Gojek 曾與同業競爭對手 Grab 針對企業整合進行對話，特別是對 Grab 展現著強烈抗爭態度的 Gojek 創辦人 Nadiem Makarim 就任教育與文化部長的二〇一九年十月以後，去除了兩大車輛派遣服務合併的阻礙，兩家公司一直在密切談判。

Gojek 與 Grab 開始協商合併的二〇一九年，是新創企業的企業價值「泡沫化崩壞前夕」的一年。而被抽回資金的新創企業中，以全球最大的美國著名獨角獸企業 WeWork 所經營的 We Companies 的營運危機最為人知曉，在二〇一九年一月 WeWork 的企業估值為四七〇億美元，然後在同年的十二月時期企業估值僅剩下不到八〇億美元的狀況。

WeWork 的商業型態是透過活用各項技術出租辦公室，為了達成企業成長而將重點放在擴張據點並投入大量的資金，雖然在營運上持續呈現赤字，仍然以能夠募得更多資金的前提下，持續積極的投資。不過在二〇一九年九月首次公開募股（IPO）遇到重挫，遭遇到資金招募困難的問題，經營危機也因而浮上檯面，WeWork 的主要投資者軟銀集團也將其自優良投資標的，判定為需要經濟支援的不良投資案件。

WeWork 所面臨的問題，對於大部分的新創企業來說都會遇到不同程度上的共通問題。從投資者招募的資金都優先用在擴大事業體，而盈利與否則是之後才考量的部分，不過就算全球資金寬裕，市場上的熱錢仍會持續流入企業估值高的創業投資公司，營運上持續赤字的企業，企業估值卻仍舊不斷的上升，這一現象在二〇一九年被打破。

投資者對於二〇一九年五月於美國上市的 Uber Technologies 公開的財務報告書中表示仍能以車輛派遣服務作為核心商業模式抱有疑問，而這對於 Gojek 與 Grab 來說也是最不希望看到的現象。

根據某位投資東南亞獨角獸企業的匿名有力投資者的採訪：「如果 Grab 與 Gojek 不合併的話，不會有未來。」Gojek 與 Grab 雖然都分別募集超過一兆美元的資金，但卻有不少用在提供消費者的消費回饋、廣告宣傳等促進銷售策略上，在印尼這個狀態更顯激烈，彼此反覆的激烈競爭、搶奪消費者，事實上投資者的錢是被用在提供消費者的點數回饋及購物折扣上。

其他的投資者見此狀況嘆息道：「（兩間公司）到底要浪費資金到什麼樣的程度才肯罷休？」雖然這樣的競爭只能持續其中一間被淘汰才會終止，不過兩間企業的市佔率卻一直相差不遠，換言之，這場競爭應該會永遠持續下去。

一部分的投資者為了打破這一僵局，曾經勸說 Gojek 與 Grab 的經營團隊促成企業大團結，不過雖然當時兩間企業的經營團隊並不想要坐下來談，仍在投資者的促使下，多次的進行討論，不過這個狀態就像小孩被迫參加父母所安排的相親，作為父母立場觀望的投資者們，希望透過對話可以讓兩間企業解開心結，不過總是事與願違。

經營整併後應該由哪一方主導呢？

Gojek 與 Grab 針對企業合併的交涉，對於 Gojek 來說讓 Grab 掌握合併的主導權是不可能的，事實上也曾經出現讓 Gojek 作為 Grab 的印尼地方部門繼續營運的提案，不過 Gojek 經營團隊對於自身背負著「代表印尼」的榮耀無法同意。另外，若是兩間公司整合的話，包含印尼在內事業版圖所至的各國幾乎都會成為市場獨佔的狀況，在各國政府禁止壟斷政策之下也沒有解套的方法。

最終，Gojek 與 Grab 的談判破裂，Grab 轉向與 SPAC 合併獨自於美國市場上市，並於二〇二〇年四月發表上市計畫，以當時狀況計算，Grab 上市後的市值預計超過四兆美元。而 Gojek 也為了不要被 Grab 遠遠甩開，而尋求其他合併的機會。

如果比較 Gojek 與 Tokopedia 兩間企業創辦人的特點的話，都是為了解決印尼的社會問題而開創的企業，而且「幾乎沒有事業體重複」（時任 Tokopedia 董事長 Patrick Cao，現任 GoTo 董事長），是最理想的合併對象，此外兩間企業的企業色都是綠色。

Gojek 雖然將事業版圖擴展至東南亞四個國家，不過事業的重心還是放在印尼。Tokopedia 則「從來沒有考慮過往海外發展」（William Tanuwijaya），而成為為印尼量身訂製的企業。而事實上，GoTo 集團也就是一間為東南亞最大經濟體「印尼」所客製化的整合型服務企業，發表合併後不久，Gojek 就將泰國的事業體出售給馬來西亞的 AirAsia Group（現為 Capital A），此一操作也被業界認為 GoTo 集團將事業重心專注於印尼。

觀察 GoTo 集團的人事狀況，就能夠知道這個經營整合的傾向，不管是就任 GoTo 集團

CEO 的 Andre Soelistyo（原 Gojek 共同 CEO），還是擔任 GoTo 集團董事長的 Patrick Cao 都出身於投資專業。而另一方面，從 Gojek 創業以來就參與其中的 Gojek 共同創辦人兼 CEO 的 Cevin Aluwi 及為 Tokopedia 創辦人兼 CEO 的 William Tanuwijaya 則是維持原狀持續坐鎮旗下的事業體，而這一人事安排也可以明顯看出，相關決定是以投資者為中心所做的安排。

而這一合併的決定對於兩位創辦人來說到底作何感想呢？Nadiem Makarim 並沒有回覆關於此一合併公告任何意見，而 William Tanuwijaya 在合併發佈的聲明上也沒有透露出任何真實的心聲。

只是看著這個人事異動不禁會想起，William Tanuwijaya 說過「希望 Tokopedia 能成為如同大學一樣，就算忘記創辦人是誰，企業還是得以長存」，對於想要創造百年企業的他還沒完成展望，留在營運事業體的高層，對於他來說應該也是想當然耳的選擇。

以市值超過三兆日元的規模上市，未來的營運方向為何？

GoTo 集團預告將於二〇二二年三月十五日在印尼股票交易所上市，並發行新股，公開發售該公司的 4．35％股份，每股售價三一六～三四六印尼盾，招募資金最大筆為十八兆印尼盾，市值約達到三兆日元。

對於將在印尼證券交易所上市的 GoTo 集團來說，市值雖然不及民間銀行的龍頭 Bank Central Asia、國營銀行 Bank Rakyat Indonesia 等金融企業，不過也遠超國營電信龍頭企業 Telkom Indonesia、Mandiri 銀行、知名複合型企業 Astra・International 等印尼主要知名企業，市值約為印尼的第三大企業。

而 GoTo 集團新股最後設定開盤價為三三八印尼盾，同年四月十一日，GoTo 集團於印尼證券交易所的交易正式開始，第一天的交易日曾經售出比設定價格高出21%每股四一二印尼盾的價格，而股票交易最終價格為較設定高出13%每股三八二印尼盾。

相較於先行在美國證券交易所上市的競爭對手 Grab 以及於印尼上市的網路銷售知名品牌 Bukalapak 低迷的股價，GoTo 集團上市後立刻輾壓群雄。

根據在同年三月十五日公開的招股說明書，GoTo 集團於二〇二〇年的企業整體銷售額為八兆四一五九億印尼盾，綜合損失一六兆六二一六億印尼盾。根據早一步上市的競爭對手 Grab 公開的業績來推測，與相關人士的預想一樣。但卻出現了接近銷售額兩倍的虧損，情況非常嚴峻。從這個數字來看，二〇一九年 Gojek 也開始所減被認為不盈利的事業，看到上述狀況也能輕易理解為什麼投資者積極推動合併，希望能改善 Gojek 與 Grab 的環境。

招股說明書內也清楚的標明股東成員，GoTo 集團的 CEO Andre Soelistyo、Gojek 的 CEO Kevin Aluwi、旗下 Tokopedia 的 CEO William Tanuwijaya、營運長 Melissa Siska Juminto 的四人

經營團隊以及Saham Anak Bangsa所持有的股票都不到2%，不過在決議權方面他們共擁有60%，依據當地媒體的報導，Saham Anak Bangsa是一間由Andre Soelistyo、Kevin Aluwi、William Tanuwijaya各持有三分之一股權的資產管理公司。

作為大型投資者，軟銀集團軟銀願景基金約佔股權的7%，中國阿里巴巴集團也同樣佔有7%，而不管是軟銀集團還是阿里巴巴集團都曾是Tokopedia的大型股東。透過充分的使用特別股，經營團隊也能夠保證具有過半的決議權，可以藉此避免被投資者要求盡早的盈利的壓力，某種程度上來說，雖然中長期的視角能夠透過經營帶來益處，不過經營團隊是大股東對於公司治理上也可能有一定折扣。

在長達九〇八頁的目標說明書內，能夠清楚的了解Gojek與Tokopedia的組織結構以及相關初始資料。

GoTo集團於二〇二一年發表經營整合時曾表示「將以對等精神推動合併」，在此控股公司之下，Gojek與Tokopedia為旗下子公司。不過根據目標說明書所註，作為企業統合的方案，Gojek（於印尼的企業登記名稱為Aplikasai Karya Anak Bangsa（AKAB）=「國民萬物的應用程式」）是以股權交換收購Tokopedia，並在二〇二一年十二月將企業登記名稱自AKAB更換為GoTo Gojek Tokopedia。

上市後的GoTo（GoTo Gojek Tokopedia）也就此發揮控股公司的機能，他們將此一稱為

「On Demand Business」來設置 Gojek 的事業部門，而也依此獨立出 Tokopedia 以及直屬於 Goto 集團專注於 Gojek 電子錢包及金融服務的 GoTo Financial 部門。根據組織圖也可以看到 GoTo 集團旗下包含子公司、孫公司等一百間以上的企業，今後也可能會再造為更具效率的事業部門模式。

創業至今十年多，GoTo 集團成長為名副其實印尼最高價值的企業，雖然仍舊施行著比起眼前的利益更加注重企業成長的經營方針，不過在上市後的將來，每季也有義務要公開營運業績。如何在企業成長及盈利收益上取得平衡，目前還沒有找到答案。對於 GoTo 集團來說，上市不過就是通過一個里程碑，而他們的旅程才正要開始呢。

第 5 章

投資基金的巨艦——Temasek 及軟銀集團

可動用資金三十二兆日元，造就政府最大收入來源

在第 1 到 4 章介紹了東南亞最具代表性的三大新創企業集團 Grab、Sea、GoTo 集團，並介紹各企業的成長軌跡及商業經營策略，三個集團之所以可以自眾多新興企業中脫穎而出，創業家獨到的願景、領導風格以及支持著這一切的優秀幹部還有員工們的努力才得以實現這偉大的成就。不過只有優秀的想法及人才是無法讓企業成長的，不可或缺的是當企業還在小型規模且默默無名的階段，就認定其未來的潛力及無限可能並投入大量資金支持企業成長的投資者。

如果要討論東南亞新創企業的投資者，就不得不提到新加坡政府體系的 Fund（投資基金）Temasek Holdings。Temasek 不只是對於東南亞三大新創集團 Grab、Sea、GoTo 集團都投入了資金，甚至是對於世界各地的獨角獸企業（市場估值超過十億美元的未上市企業）都在很早期就進行大量資金的投資，也就是一般所說的主權財富基金（Sovereign wealth fund，SWF）。

一九六五年新加坡自馬來西亞聯邦獨立，Temasek 也就是在那短短九年後就成立的基金，設立主要是作為新加坡國營事業股東的國內基金，而至今與新加坡知名電信公司新加坡 Singapore Telegom（Singtel）、DBS 銀行集團控股公司、不動產產業 Capital、新加坡航空、

船運公司 PSA Internatiol、電力公司新加坡 Singapore Power、電視播報的媒體公司等知名企業齊名，並作為其大股東活躍於為新加坡市場。

一般來說，主權財富基金是作為各國天然資源的買賣交易及外幣準備金的資金來源，並透過投資各股票市場來實現富強國力的目的。Temasek 也非例外，正透過投資增加新加坡國庫收入，也在新加坡政府策略上一直是相關且重要的組織。

最能夠展現與政府強烈牽絆的是李顯龍總理夫人何晶長年擔任 Temasek 的 CEO。而極具實力的何晶直至二〇二一年九月底卸任為止的十七年間，不斷帶領著 Temasek 前進，二〇〇四年何晶就任時 Temasek 的投入資產為九百億新加坡幣，到二〇二一年已成長超過四倍以上來到三八一〇億新加坡幣。

Temasek 自投資活動取得的獲利的50％，都會歸入國家資金收入來源，並與同樣屬於新加坡政府所有的主權財富基金的新加坡政府投資公司（GIC）等的投資收益進行整合，於二〇二〇年共為國庫貢獻一八二億新加坡幣，甚至超過營業稅（一六一億新加坡幣）、個人所得稅（一二七億新加坡幣）等主要稅收項目的收入，以個別項目去計算已成為最大的收入來源，在因為少子化及高齡化社會保險相關支出日益增加的時代，如果有沒有主權財富基金支持的話，新加坡的眾多預算可能難以執行。

另一方面，Temasek 實際的執行體制上是與政府無關的獨立單位，選擇幹部以來自

Goldman Sachs、Citi Group（花旗集團）及Accenture等知名的投資銀行、投資基金及諮詢企業等多樣多國的企業為主，並根據本人的能力及實績來選任幹部名單，若是觀看這些幹部名單，還會以為這是在美國的華爾街。

Temasek的競爭力是連辦公室都設置在舊金山、北京、倫敦等聚集最新投資資訊的世界主要九個國家中的十三個城市，以達盡早能得到有發展性的企業的情報網絡，設立至今的投報率為14%，資金營運規模也是世界前十大的主權財富基金。

就連投資生物科技產業也能夠成功

Temasek近年致力投資新創企業，觀察其投資產業的比例立即可以看出，是以技術導向及面向群眾的新創企業為主。自二〇一一年三月底為止，包含多媒體合併IT、生命科學、農業、金融服務（銀行除外）這四種產業，投資比例僅僅佔總體資產的不到5%，不過十年後的二〇二一年三月底卻已高達37%，而在這期間，整體的資產盈餘也自一九三〇億新加坡幣倍增至三八一〇億新加坡幣，而這顯著的成長結果都必須歸功於這四種產業的投資。

在37%的投資佔比中，除了Grab、Sea、GoTo集團之外，還包括中國金融交易知名企業螞蟻集團、中國知名車輛派遣服務企業滴滴出行、印度餐食宅配Zomato等亞洲有力的新興企業體。

其中絕對不能忽略的就是「金融」這個領域，不過在短短十年間代「金融」二字的內容也有很大的轉變。二〇一一年的主要投資標的為英國的渣打銀行、中國的建設銀行、印度ICIC銀行等知名的傳統銀行等都在其列，而二〇二一年又再將VISA以及Mastercard兩家世界知名信用卡公司納入名單中，之後又陸續加入荷蘭的金融科技企業Adyen、美國知名交易公司Paypal Holdings、美國財務軟體廠商Bill.com等與交易及金融科技等相關領域的企業，也進而演變為金融科技在世界投資領域迅速竄升，更一舉超越一直以來的主力傳統銀行，並讓投資主軸轉向金融科技，而傳統產業其存在感也漸漸蕩然無存。

Temasek根據技術革新的動向、世界人口的變項、氣候變遷等大趨勢為基礎，建立長期的投資策略，並再依此策略選擇合適企業，從產業及個人投資者募集資金的常規資產管理公司非常在乎短期的投資績效，相較之下，擁有國家資金來源的Temasek則是更傾向對於企業的中長期整體規劃。

Temasek長期觀察世界趨勢，成功的投資案例不勝枚舉，最具象徵性的案例之一就是二〇二〇年六月投資的德國生物製藥BioTech，投入二億五千萬美元成為BioTech的主要投資者，而在約僅僅五個月之後的同年十一月，德國BioTech與美國Pfizer相繼發表研發中的Covid-19疫苗疾病預防有效率具有90%以上的功效。

而就在這個實驗結果發表的隔日，也就是二〇二〇年十一月十日，我們正巧要採訪統籌Temasek投資策略的Rohit Sipahimalani，Rohit Sipahimalani針對疫苗開發的進展開心的說到：「看到了隧道盡頭的曙光」、「我們正在從長遠的角度進行投資」，但對於投資的成功卻沒有顯得欣喜若狂。在那之後，世界各國都開始接種BioTech的疫苗，顯而易見的也因此大幅提升公司的收益。

Temasek也長年關注中國技術領域的發展，據Rohit Sipahimalani所述，投資中國阿里巴巴集團是二〇一一年，遠早於二〇一四年阿里巴巴集團於美國上市，當時的投資金額雖然僅僅數十億日元，不過隨著阿里巴巴成長也陸續的加碼投資。二〇二一年Temasek整體投資佔比，中國就佔27%以上，更是比母國新加坡的24%、美國的20%都高上許多，新加坡持續在美中兩大強權間保持著中立的立場，Temasek也堅持此立場並針對兩國有潛力的企業進行投資，而這也是Temasek之所以強大的理由之一。

催生替代肉的研發技術

對於新創企業來說Temasek是不可或缺的幫手，Temasek在創業初期提供資金的援助，促使新創企業在各個方面的成長，以維持公司整體營運的順利及發展。

如同前文所述，生物科技產業及農業領域皆為近年 Temasek 的投資重點，Temasek 在二〇二一年十一月發表設立新公司 Asia Sustainable Foods Platform，此公司的主要營業項目為提供研究設備及設施給植物相關替代肉等研發的新興企業、協助其建置大量生產所需之相關知識及技術，並針對各企業未來發展商業策略，介紹可能的合作夥伴。

即使是有好的想法和尖端技術與知識的創業家，往往也難以獲得研究設施來實現他們的想法。即使他們已經利用培養技術開發了一個原型，他們也需要其他技術來穩定地生產它。Temasek 幹部 Yeoh Keat Chuan 認為投資者在新創企業所扮演的角色為「我們有時應該作為其後援者，有時應該作為引導其企業向上的執行者」。

而不只是由 Asia Sustainable Foods Platform 擔任後援者及執行者的角色，還包括 Temasek 設置於新加坡的新加坡科技研究局於二〇二〇年十一月發表預計設立具有最先端食品開發技術及實驗室的研究開發中心「Foodtech Innovation Center」，並計畫在三年內投入三千萬新加坡幣。

獲得 Temasek 投資、專注於製造替代雞肉的新加坡新創公司 Next Gen Foods 也預計於二〇二二年下半年入駐 Foodtech Innovation Center，身為共同創辦人兼 CEO 的 Andre Menezes 雖為巴西人，卻將公司所在地設置在新加坡，主要是因為新加坡有 Temasek 等充足的發展支援。「新加坡是世界食品技術的匯聚中心，不只是針對亞洲市場，對於以歐美市場為導向的我們來說都是最好的企業發展所在地。」

德國醫藥產業及農業知名企業Bayer於二〇二〇年設立專注於發展可用於「垂直農法」都市型農業的蔬果研發公司，透過活用Bayer持有的蔬果遺傳基因資訊，由美國加利福尼亞總公司與新加坡共同設置研發及營業相關設備，也預計由Temasek所投資的新創企業提供新的蔬果品種服務。

二〇二一年十一月下旬，我有機會能夠參觀由Temasek支援的新加坡食品公司Growthwell Foods設置的新工廠。Growthwell Foods設立於一九八八年，董事長是Chou Shih Hsin，雖然當時僅僅是素食者導向的食品製造商，而到了其二代也是現任專務Justin Chou手上則轉型為專注於替代肉、替代海鮮等開發及製造的公司，於二〇一九年自Temasek等創業投資公司募資八百萬美元的資金。

新加坡北部的Senoko區的某間新工廠，正在將作為原料的大豆、蒟蒻增加濕氣，希望能夠再接近雞肉及白帶魚的口感。「請摸看看，吃的時候也會覺得就像在吃雞肉及魚肉一樣。」隨著工廠的負責人這麼說，我也跟著觸碰了調味前的替代肉，感受到了有如橡膠的彈力及冰涼的觸感。

Temasek詳細提出這些技術細節，為家族經營為核心的企業進行改革及調整，讓新工廠的年產能達到四千噸，並將生產品項擴及至替代雞肉、替代魚肉等的肉塊、肉排、漢堡排等品項，這些商品也於二〇二二年初，在新加坡的超級市場內開始販售，而我也在那之後試吃過市售的替代雞肉塊及替代魚肉排，口感與真的雞肉及魚肉幾乎沒有差別。

Temasek 在農業及食品業的投資並不僅僅止於 Next Gen Foods 及 Growthwell Foods 等東南亞的企業，專注於研發製造替代肉包含 Impossible Foods 在內的美國四十間以上的企業都獲得 Temasek 的投資，投資總額更超過八十億美元，Temasek 藉由自二〇一三年起專注於農業及食品業的投資，更拓展到蔬果種類研發，也具體表現出 Temasek 深知此領域的發展及商業潛力，換句話來說，就是因為連蔬果品種開發都涉入了，相較於其他投資基金，更能掌握市場先機。

支援的範疇橫跨網路駭客防衛到上市上櫃的協助

Temasek 投資策略的統籌 Rohit Sipahimalani 強調，Temasek 不只是致力投入生物科技及農業產業，其他領域的新創產業也有給予協助，首先需要協助建構各企業適合的公司治理模式。

對於新創企業的創業家來說，最優先考量的課題為發展本業，建構透明且公正的公司組織文化、員工相關議題、子公司相關的設置則往往都被忽略。不過，這些議題在達成首次公開募股（IPO）目標時卻是不能不處理的問題，欠缺良善公司治理的問題甚至可能動搖公司的存續，而 Temasek 會協助引介專家及獨立董事等，讓新創企業可以盡早建構適當的公司治理制度及規範，並推行使用非塑膠製品的容器，引導經營團隊儘早引領企業符合ESG[12]的概念。

Temasek也進一步協助企業執行網路的風險管理，以防止官網被駭客侵入造成顧客的資料外洩、進而衍生龐大的處置費用及成本消耗，降低公司對於供應商及顧客的誠信。雖然新創企業都清楚網路的風險，不過真的有配置網路安全預算及設置專門人才的企業應該為數不多。Temasek則建置了自有的專屬網路防衛企業Istari，萬一投資的企業遭遇網路事件的話，就能夠立即給予適當的支援。

而除了提供公司治理及網路安全的協助外，還會提供第三樣協助，就是介紹被投資的企業家們彼此認識。Temasek的投資領域幾乎擴展至世界上的每一個產業種類，對於新創企業來說，若是能與被Temasek投資的大型企業進行交易或合作的話，不只能夠提高營業額，市場對於公司的信賴度也得以提升，也可以就此與世界其他區域的新創企業家們進行情報及知識等的交流，對於雙方企業體的改善及優化都能夠帶來非常大的益處。總歸而言，這一支援能夠協助東南亞新創企業家們參考美國、中國及印度的商業實例，進而推行讓市場普及最新的技術及服務。

而在二〇二一年的九月，Temasek又進一步的與新加坡政府、新加坡證券交易所合作，成

12 編按：分別是指環境保護（Environment）、社會責任（Social）與公司治理（Governance）。

立促進國內新創企業上市的相關組織，一同投入共十五億新加坡幣的投資基金，作為新創企業上市時招募資金的主要投資者，協助促成企業上市。新加坡金融管理局則協助負擔最多七成的上市費用，新加坡證券交易所則是協助上市後的股票買賣市場活化及流通等詳盡的支援。

Temasek 與新加坡政府如此大費周章，是為了確保從創業到幾輪融資，再到上市的一系列過程能夠在東南亞地區完成。而這也說明了第 1 章及第 2 章所述，Grab 及 Sea 等企業將總公司設置於新加坡、東南亞市場作為主要商業活動所在地、並在美國進行上市，造成這樣的演進流程，可能就是感受到了新加坡資本市場空洞化的危機。不過新加坡政府仍致力於讓新加坡證券交易所上市變的更容易、創業的門檻變的更低，讓優秀的年輕人更勇於創業的循環。

向創業初期的 Grab 出資的理由

Temasek 對有前途的初創企業也在加強投資，但作為一艘管理資產超過三十兆日元的「巨艦」，那種幾千萬日元的投資就很難管理。而補足這一缺失的就是 Temasek 旗下的創業投資公司，包括 Vertex Venture Holdings、Pavilion Capital 等都像 Temasek 的手腳一般協助挖掘世界上有潛力的新創企業。

Vertex Venture Holdings 就是 Grab 創業初期廣為人知的創業投資公司。關注中國市場的

Vertex Venture Holdings，在二〇一一年注意到了中國個人與企業之間租賃和借用商品的共享經濟出現，但錯失了投資具有潛力公司的機會。因此在東南亞市場相同的事業體開始萌芽時，Vertex Venture Holdings 絕不容許再次漏失機會，藉此探詢東南亞各國共享經濟的新創企業，車輛派遣相關的數間新創企業也因而名列其中。

據 Vertex Venture Holdings 的 CEO Chua Kee Lock 所述，名單中 Grab 與其他企業相比，營運計畫的規模其實大同小異，不過以 Grab CEO 陳炳耀為首的經營團隊對 Chua Kee Lock 發下豪語：「Grab 將把事業版圖擴展到整個東南亞，總有一天會稱霸世界。」Vertex Venture Holdings 也自二〇一四年四月投入名為 Series A 的投資計畫，成為 Grab 初始五百萬美元資金招募的主要投資者。

Chua Kee Lock 當時向 Grab 提出了一個提案，那就是想要打入世界市場，在新加坡更能獲得具備專業技術人才，所以建議 Grab 將總公司從馬來西亞移至新加坡，而 Grab 也接受了其的提案，在二〇一四年實行將總公司移至新加坡的計畫。

不僅是 Grab，Vertex Venture Holdings 在東南亞的投資對象還包括提供查詢及分析專利數據服務的 Patsnap 及金融科技領域的 Nium 等，在 Vertex Venture Holdings 投資後已擠身獨角獸企業的行列。Vertex Venture Holdings 的投資區域並不僅限於東南亞，還擴及美國、印度、以色列等國家，並配置專業人才，持續的挖掘當地具有潛力的新創企業。

二〇一九年 Vertex Venture Holdings 與日本的投資者合作成立了一個總金額七億三千萬美元的風險基金，包含了投資公司 Risa Patners 和 Aozora 銀行。對於過去都是只運用 Temasek 資金進行投資的 Vertex Venture Holdings 來說，以海外資金為投資主體也是新發展。

而 Vertex Venture Holdings 與日本投資者們的目標也是非常明確的，首先是透過共同基金投資世界上有潛力的新創企業，再由 Risa Patners 介紹能夠提供幫助新創企業的日本企業進行合作。而投資的新創企業雖然在特定領域具有潛力的技術，但存在衍生性技術不足而且基本客群不穩定的問題，藉由與具有確立技術及知識的日本製造業的合作，可以補足技術及完善顧客服務網絡。而這一創業投資基金也已考慮到將來要販售投資新創企業的股票的狀況，尋求有力的日本企業買家。

而拓展與日本企業合作關係這一部分，同屬 Temasek 旗下創業投資公司的 Pavilion Capital 也不惶多讓，Pavilion Capital 對於雲端會計軟體 Freee 的投資可以回溯到二〇一四年，在那之後也持續扶植日本代表性的金融科技企業，二〇一九年於東證 Mothers[13] 上市。Pavilion Capital 於二〇二一年也陸續投資了主要提供使用後付款服務的 NetProtections Holdings、運用 AI 製作教材的教育文化企業 Atama Plus 等新創企業，大大增加其在日本市場的存在感。

13 東京證券交易所所營運以新興企業為導向的股票交易所，Market of the high-growth and emerging stocks。

政府出資的基金具有非常高的存在感

Temasek 不只是擁有創業投資公司，還將資金投入東南亞各民營創業公司。根據公開資料表示，直至二〇一〇年代的上半年，東南亞當地沒有強大的創業投資公司進行投資，這成為新創企業籌集資金的阻礙，而對於新創企業來說獲得 Temasek 的投資，也進而能提升當地其餘創業投資公司對於其企業的信賴程度及作為其他投資者的資金募集基礎，而 Temasek 也實質上成為東南亞創業投資公司系統的核心。

藉由旗下的 Vertex Venture Holdings 及 Pavilion Capital，再進一步囊括地方的創業投資公司及投資的新創企業體，自 Grab 急速成長後，也有許多企業步上同樣的成長軌跡。近年來，Temasek 在長期的投資收益上，也呈現了新創企業明顯超過傳統大型企業的走向。

新加坡另一政府出資的投資基金「新加坡政府投資公司」（GIC）也投資了車輛派遣知名企業 Gojek、網路銷售企業 Bukalapak、旅遊預約平台 Traveloka 等東南亞的獨角獸企業及準獨角獸企業，並持續的增加資金投入。而 GIC 是眾所皆知不公開資產規模的機密投資基金，董事會以主席李顯龍首相為首、副首相王瑞杰、財務部長黃循財都名列其中，也能夠清楚明瞭其完全直屬於政府機關的背景。

GIC 的投資範疇與基本上都是股票投資的 Temasek 不同，還包括世界各國的債券及不動產等。直至二〇二一年為止，世界各國央行持續以低利率政策為導向，就連投資債券都不能保證能夠獲得高收益，在這種大環境下，投資新創企業的風險是非常高的，不過相反的如果成功的話就能夠透過販售大量的股票獲得較高的投資收益。

若是能夠獲得具有雄厚資金實力且投資績效超群的政府出資基金的投資，更是直接拉升企業的信用程度，所以新創企業們都非常歡迎政府出資基金的投資。新加坡政府出資基金非常注重投資獲利績效，資金投入的企業必定是有利可圖，也因為這樣互利的關係，也讓政府出資基金在新創企業間佔有非常重要的存在感。

在東南亞市場投入巨額資金的軟銀集團

想當然耳，在東南亞新創產業投入大量資金的絕不僅僅只有政府體系的基金，國內外的創業投資公司都爭相盡早發現並投資有潛力的新創企業，而其中最顯眼的莫過於由孫正義所率領的軟銀集團。

「因為聽到（印尼政府說）『希望獲得更多的投資』，所以預計投資 Grab 二十億美元。」孫正義於二〇一九年七月與佐科總統在雅加達的總統官邸的會談中時所說到，而當時陪同的正是軟銀集團所投資的 Grab CEO 陳炳耀及 Tokopedia 的 CEO William Tanuwijaya。

在會談結束後，軟銀確實啟動了巨額的投資計畫，也帶動了印尼經濟的成長。二〇二〇年一月也就是該會議結束的半年後，孫正義再度訪問佐科總統，並表示要在印尼設立 Grab 第二總部及相關的投資計畫，不過截至二〇二一年三月，此一總部移轉計畫尚未明朗，也只能等待孫正義來實現這一壯舉。

軟銀集團在東南亞市場最成功的投資莫過於 Grab 及 Tokopedia，對於 Grab 的投資已詳述於第 1 章，在二〇一四年十二月也就是 Grab 創業後的第四年，軟銀集團參與其首輪的投資，而對於 Tokopedia 的資金投入則是與投資 Grab 同年的二〇一四年十月。對於有潛力的新創企業起步初期就將大量的資金投入，穩坐大股東的寶座，並藉由軟銀願景基金於世界各地施行此策略，也是軟銀集團最大的特徵，其對於 Grab 及 Tokopedia 的投資也能夠清楚展現其投資模式。

而軟銀集團在二〇二一年後，接續 Grab 及 Tokopedia 的投資軌跡，也著手於第二世代獨角獸企業的投資。

「透過大幅減少銷售商品的缺貨時間，並將營業額提升一．二倍，持續的將美國知名的品牌藉由 TRAX 導入，TRAX 能夠改變世界的營運模式。」二〇二一年五月於決算說明會上，孫正義針對會議前一個月，說明剛獲得軟銀願景基金 2 號基金投資的新加坡獨角獸企業 TRAX 的商業魅力。

TRAX 透過其公司自行開發的高度影像辨識技術，全面的數位化提供能夠即時查看批發商商品架現況的功能，讓供應商能夠隨時掌控企業客戶的商品缺貨及庫存的狀況的系統，導入 TRAX 系統後，就可以節省營業人員前往批發商一個一個確認缺貨狀況的手續及時間，瑞士的雀巢、美國的可口可樂等世界級消費品製造商都相繼與 TRAX 簽約，在軟銀集團決定投資的當時，TRAX 能夠解析的商品數量達到每月二點六億個的水準。

對於要辨識形狀、材質、顏色及大小等各式各樣商品的畫面，相較於人臉辨識所需的技術是更為深層的，而在這領域內擁有最先端技術的 TRAX，正好符合提倡ＡＩ企業革命的孫正義的喜好。TRAX 的 CEO Justin Behar 在日本經濟新聞的採訪中，表示對於軟銀集團變為第一大股東充滿期待：「透過活用ＡＩ耕耘於數化化市場豐富的經驗，未來產業合作的可能性非常大。」

軟銀集團不只是透過軟銀願景基金的 2 號基金投資 TRAX，二〇二一年三月也將資金投入 Vertex Venture Holdings 也投資的 Patsnap，同年六月則將投資目光擴展至主打線上中古車買賣服務的 Carro，上述企業不管哪一個都是將總公司設置於新加坡，高度使用ＡＩ技術提供商品買賣的服務。舉例來說 Carro 的創辦人兼 CEO 的 Aaron Tan 為程式設計的專家，在 Carro 聘請專精超音波領域的科學家，開發藉由分辨中古車引擎的聲音，瞬間辨認是否有異常的ＡＩ系統，而 TRAX 及 Carro 兩間企業也都因為獲得軟銀願景基金的 2 號基金投資而擠身獨角獸企業的行列。

能夠成就擴大投資的知識

軟銀願景基金在二〇二一年後的投資案件激增，管理合夥人之一的 Greg Moon 於七月 Zoom 的採訪中被問及是否擔心失敗的風想增大時，他持相反的意見，「昨天發現的案件在今天投資的話，那肯定是個問題。但是我持續觀察了 Carro 足足四年以及 TRAX 約兩年，定了他持續進化至今。」

Greg Moon 與 Carro 的創業團隊相識可以回溯至他任職於 Softbank Ventures Korea（現 Softbank Ventures Asia）的董事長時期，當時東南亞的新創企業與最新技術完全勾不上邊、幾乎全都是服務產業，包含 Carro 的 CEO Aaron Tan 在內的創業團隊在資訊技術領域有非常突出的知識技術，Greg Moon 作為初始的投資者，會一邊作為其經營團隊的緩衝角色來避免其有時因為成長太快而倉促行事，一邊持續協助擴展其在東南亞區域的事業規模。

與 Temasek 及 GIC 相同，軟銀集團的優勢也是在於能夠盡早的掌控世界趨勢選擇投資對象，並勇於投資新創企業。舉例來說，在投資線上中古車買賣服務的 Carro 之前，就已經於二〇一八年德國的 AUTO1 Group SE 及二〇一九年中國的瓜子中古車、巴西的 Volanty、墨西哥的 Kavak 將資金投入這四間企業，雖然各自發展事業體的所在的區域不相同，無法直接進行協同作用，「不過卻能夠透過軟銀願景基金累積更多相同產業的情報及知識，進而對投資標的進行更準確的決斷及評價」，Greg Moon 這樣說到。Carro 的 CEO Aaron Tan 也說：「其實對於上述四間企業的經營團隊大多都認識，且彼此都會相互學習。」

根據 Greg Moon 所說，東南亞的人口將近六億六千萬人，汽車的持有率卻不到10%，且中古車銷售市場的市佔率網路銷售不到1%，與先進國家市場相比還有很大的成長空間，藉由整合自軟銀願景基金投資於二〇二一年二月上市的德國 AUTO1 Group SE 等先驅的知識造就非常大的可能性。TRAX 著重於將批發商的商品情況數位化，Patsnap 則致力於提供查詢及分析專利數據服務擴事業版圖，軟銀集團也觀察到這些獨角獸企業的無限可能。

進一步發掘新世代的新創企業，以網路為營業中心提供個人客戶投資商品諮詢及販售的新加坡企業 Endowus，於二〇二一年四月自 Softbank Ventures Asia 等創投基金募得二三〇〇萬新加坡幣。

Endowus 表示販售手續費較高的金融商品對於個人用戶來說是完全無法獲利的，因此不從管理公司收取手續費，只從個人用戶端收取營運餘額的0．05～0．06%作為手續費。雖然以短期來說，手續費並不會有明顯的增長，該公司的 CEO Gregory Van 指出「軟銀都是考慮長期的」，並說到「我們要將我們認為對的事堅持下去，就如同軟銀一般，持續支持著投資人的經營方針」，創業未滿兩年的二〇二一年七月，該公司穩健成長，諮詢客戶的資產總額高達十億新加坡幣。

輸給東南亞市場的日本新創企業界

軟銀願景基金雖然對於東南亞初出茅廬的新創企業投入大量的資金，不過卻並未優先考量日本的企業。二〇二一年十月總算是確定了首件日本企業投資案件，對於生技產業領域的Aculys投注資金。如果日本有潛力的新創企業呈現慢吞吞的狀態的話，孫正義是不會考慮投資的，軟銀願景基金投資於日本市場的比例是非常低的，綜觀世界日本就如同現實認知一般並非具有潛力的市場。

相較於日本的新創企業，東南亞的新創企業更加具有發展性及更明確的資金招募規模。根據新加坡的新興媒體DealStreetAsia的調查，二〇二一年東南亞新創企業的資金招募總金額為二五七億美元，為二〇二〇年的二・七倍，而日本新創企業的資金招募總金額在二〇二一年透過許多大型案件，也僅僅不到七五億美元的水平，明顯可見東南亞新創企業的市場規模更大。

對於未來成長空間還有大的東南亞來說，不只是Temasek及軟銀集團，許多國外的創業投資公司都持續進入東南亞的市場，更加劇發掘有潛力企業的競爭狀況，對於形成生態系統來說佔有舉足輕重角色的投資者是非常充足的，也可預見東南亞的新創企業業界將會迅速起飛。

第6章

促進創業的生態系統

「NOC幫」在業界的存在感

新加坡的獨角獸新創企業有Carousell以及Patsnap這兩間。Carousell的服務是以販售個人物品為導向的免費購物APP，並被稱為東南亞版的Mercari。而Patsnap則是透過ＡＩ提供企業查詢及分析世界一億件以上的專利數據及最新技術的服務。

對於新加坡國立大學海外大學研習（NOC）這一計畫的吸引力，作為Carousell的共同創辦人之一兼CEO的Quek Siu Rui回憶到，「如果沒有藉由NOC到美國矽谷留學的話，我大概會成為銀行行員或是諮詢顧問吧，NOC改變了我與共同創辦人的人生。」Quek Siu Rui與Carousell的另外兩位共同創辦人Marcus Tan、Lucas Ngoo都是透過NOC的協助而前往美國史丹佛大學留學，並在回國後創立Carousell。

新加坡國立大學開設NOC可以回溯自二〇〇二年，第一年度最初僅安排十四位學生至美國矽谷的史丹佛大學留學。當時，雖然新加坡國立大學內部對於大學致力於培養創業家這一計畫報有疑慮，不過前往留學十四位學生中的九位都在之後踏入創業的領域，也進而讓此計畫得以延續並擴大規模。

在那之後，陸續安排學生前往各國大學留學，二〇〇四年新增中國上海，隔年再增加瑞典的斯德哥爾摩，二〇一一年新增以色列，二〇一八年又增加了加拿大的多倫多，安排的城市也一次比一次多且廣，二〇二二年時更是一次安排學生們至十五個城市留學，接受NOC協助至各國留學的學生總計超過三千八百人，畢業生創立的新創企業也多達約一千家，也因此NOC的畢業生在新加坡新創企業界中，具有非常大的存在感及人脈網絡，「NOC幫」一詞也應運而生。

實習帶來的寶貴體驗

依據NOC制度留學的學生必須要在史丹佛大學等海外一流的大學接受商業相關的計畫，在計畫中能有許多機會能夠與當地知名企業幹部及新創企業創業家直接討論其成功及失敗的案例。透過上述討論引領學生思考將來創業的情況，對於極度渴望知識技術的學生來說，這些經驗的影響力大概會大大改變其人生觀。Carousell的Quek Siu Rui說到，「在新加坡的時候，認為能夠在大企業工作並獲得高薪就是成功。不過在美國矽谷留學期間，學習到能夠透過技術為社會帶來很大的影響力，並藉此規模化的解決社會問題。」

同樣透過NOC前往美國矽谷留學的Darius Cheung表示，留學期間有許多機會能夠跟創業家們進行交流，Darius Cheung感受到「他們並不是真的特別聰明」的同時，也體會到了「創業家最重要的就是願景及決斷力」，在美國矽谷受到感動的Darius Cheung回到新加坡後，創立以行動電話安全為主軸的新興企業，後續這間公司也順應局勢將公司出售與美國企業，而後設立不動產入口網頁「99.co」，他也正走在連續創業家的旅程上。

不過NOC計畫最大的價值並不是在一流大學上課。新加坡國立大學主要負責NOC業務的Qi Yomen教授說到，「留學時到學校上課並不是重點，留學的場域也沒有一定要是學校」，留學生真正的義務是到當地的新創企業實習。

新加坡國立大學透過學生的期望及能力等項目來分配適合的實習場域，而安排適當的實習場域這件事本身就非常耗時且費工。因為在大企業中實習只能夠得到較通俗的經驗，所以通常會將學生派往十五個城市中持續成長的新創企業，並整理羅列這些企業的相關資料，為了加深新創企業與留學生的交流，原則上一間企業只會安排一位實習生。

NOC計畫的徵選，首先要與報名的大學生進行訪談，並尋求適合該學生的新創企業，再透過與新創企業的線上面試，若是合格的話就能安排留學生前往

新加坡國立大學的校園。（新加坡國立大學提供）

實習。在疫情擴大之前，平均一年約有一千兩百位學生報名參加 NOC 計畫，再通過二階段的徵選，實際被安排留學的約為三百人。

在創業家的手下學習，不僅可以學到知識技術，其中最大的價值應該是能夠養成作為一位創業家該有的心態。新加坡的創業家 Veerappan Swaminathan 回憶 NOC 計畫表示：「我實習的企業是美國矽谷的新創公司，還親眼看到公司經營者被股東強迫下台的場面，深刻的感受到了公司經營管理是多麼的嚴酷，但也認為這正是 NOC 計畫最大的魅力。」

新加坡國立大學評價超越東京大學

NOC 計畫為主要是針對大學生的計畫，新加坡國立大學也有針對碩博士研究生協助創業的計畫，以協助碩博士研究生發展研究及創新為計畫主體的 Graduate Research Innovation Program（GRIP）於二〇一八年開始啟動。

GRIP 為協助學習許多專門課程、具有高度專業知識的碩博士研究生，將專業知識技術實際運用在商業世界的計畫。英國出版的高等教育報刊《Times Higher Education》在二〇二二年出刊的報刊就對世界各國知名大學進行排名，其中加坡國立大學為第二十一名，評價甚至高過三十五名的東京大學。

想要研發出更高階的研究成果，首先就必須要將世界上更多優秀的學生吸引至加坡國立大學的研究所就讀。GRIP 計畫將有志於創業的研究生進行分組，每組兩個人配有一位專屬的職員，以此來催生新事業的開創，若是被判定為有潛力的項目，就能夠從學校獲得最高十萬新加坡幣的投資，並協助牽線外部的創業投資公司。

GRIP 的目標是培養需要高度專業知識技術、被稱為深度科技（DeepTech）的革命性新創企業。世界上每天都會有許多新創企業誕生，類似的技術及商業模式可能會立刻被淘汰，教導具有讓其他公司都很難模仿的專業知識及研究成果的研究生，如何將研究成果商業化及商品化，目標是培養能夠擴展到世界的新創企業，主導 NUS 及 GRIP 在內的培養創業相關計

新加坡國立大學的新創企業育成設施 Block 71。（NUS Enterprise 提供）

畫的 Freddie Boi 副校長驕傲的說到：「我們學校一年催生了一百間深度科技的新創企業。」

曾為新加坡國立大學博士研究生的 Siddharth Jadhau，就是因為在二〇一九年參與 GRIP 計畫後開始踏上創業之路。專精於控制力學的 Siddharth Jadhau，創立了透過小型無人機自動進行蔬果授粉系統的新創公司 Polybee，藉由有效率的無人機去取代蜜蜂及人工等耗時的授粉作業，都市型農業的產值也能夠因此而提高，而且無人機可以蒐集各蔬果成長及結果狀況的數據，達到無人力的高效率栽培農法。

專注於研究的 Siddharth Jadhau 在接受 GRIP 計畫前，從來不覺得自己會踏上創建公司之路，不過隨著與 GRIP 計畫中的專屬職員反覆的對話，在思考世界上所遇到的問題能夠透過專業技術解決可能性的思緒中，萌生了強烈的開創企業的決心，他回憶：「雖然人生大概不會遇到比這個計畫更忙碌的項目了，不過好在有如此優秀的職員在各階段都給予協助，才能夠創業成功。」

扮演重要角色的新創企業育成中心

光是 NOC 及 GRIP 等就已經遠遠超過大學的框架，新加坡國立大學還設有專門培育新創企業的育成設施「Block 71」。新加坡的第一個共享辦公室在二〇一一年推出，由新加坡國立大學校園附近的老舊工業用地改建而成。像在美國 WeWork 這樣共享辦公室的風潮尚未在全球普及時，建立一個促進創業家們交流的嶄新專用設施的想法很新穎。進駐的新創企業可以獲得專家建議及介紹創業投資公司接口的各式的協助。Block 71 在那之後也拓展至海外，於二〇二二年三月擴展至印尼、越南、美國、中國等共計五個國家、設置七個設施。

自新加坡國立大學畢業的 Tan Peck Ying 開創致力於開發及販售女性用品名為 Blood co-founders 的新創企業，加入並入駐新加坡的 Block 71。而為了跨足印尼市場，Blood co-founders 開始經營線上通路，營業範圍擴展至包含印尼在內的東南亞國家協會主要國家，更拓展至歐美市場。

新加坡 Block 71 於二〇一一年創建至二〇二一年七月的十年間，進駐的新創企業共募得總計約三十億新加坡幣的資金，相當於新加坡同期間招募資金的 11％，也可以就此了解 Block 71 對於新加坡新創企業來說佔有多重要的角色。

該如何突破 Covid-19 疫情的限制

二〇〇〇年以後，對於持續向世界拓展新創企業育成網絡的新加坡國立大學來說，二〇二〇年疫情擴大是所面臨的一大課題，派駐各國新創企業的 NOC 留學生於實習期間返國已是無可避免的，不管是留學還是實習都必須中斷。

新加坡國立大學也緊急的介入，提供超過一百間以上的國內企業實習機會給返國後的留學生，在可行的情況下最大限度的持續計畫的營運，而之所以能夠快速整頓出國內企業的實習機會，也都要歸功於超過一百位新加坡國立大學豐富的校友網絡。

專攻生物醫學工程的 Jeremy Ong 在瑞典的斯德哥爾摩僅僅留學了兩個月，在二〇二〇年一月中時就因為疫情而中斷了，在留學前他抱持著能夠透過參與藉由擴增實境技術來增進訓練醫師的專業，能夠在瑞典醫療相關的新創企業實習是非常難能可貴的經驗。雖然沒有完成此趟留學的主要目的，不過仍然在回國後就接受新加坡國立大學的引介至新加坡新創企業，作為專案管理者開始工作。

Jeremy Ong 於二〇二一年六月自新加坡國立大學畢業之後，與同學一同創立藉由擴增實境技術來訓練醫師的新創企業「mediVR」，他回憶到，「透過瑞典與新加坡兩地的學習經驗，開拓我作為創業家的眼界。」

隨著疫情擴大，二〇二一年五月新加坡也嚴格管制與海外的往來及接觸，我有機會採訪到新加坡國立大學校友 Tan SengChai，針對因疫情擴大而中斷的 NOC 此事，他強調：「對於一直待在教室的學生來說，實際體驗真實商業世界是絕對必要的，所以希望 NOC 能夠盡早重啟，希望他們能夠累積這難得可貴的經驗。」而新加坡國立大學也在五個月後，在疫情仍舊嚴峻的狀況下，還是決定重新啟動 NOC 計畫。

新加坡除了新加坡國立大學之外，還有南洋理工大學、新加坡管理大學等知名大學都致力於培育創業家而設置相關的培育計畫及育成設施，就連東南亞國家協會的馬來西亞的拉曼理工大學，也陸續設置培育創業家的育成措施。

在東南亞，二〇一〇年以前也跟日本相同，對金融機構、外資體系等大型企業的就業志向很強，但由於大學的課程充實，甚至是還在學就開始著手創業的學生也漸漸增加。東南亞國家協會各國極度渴望擁有次世代專業技術、拓展產業發展等的人才，也進而在大學中設有以此為核心的育成機構，培育創業家對於所有大學來說也顯得日漸重要。

東南亞市場完善的創業生態系統

就算創業家再怎麼優秀，對於大多數的新創企業來說，要突破創始期一定都都需要各式各樣的支援及協助，而我們稱這樣包圍著新創企業的環境統稱為生態系統（Ecosystem）。

就如同美國矽谷，是一座多年以來孕育著數以萬計新創企業的城市，藉由其具備完善的生態系統，吸引著尋求著這生態系統的優秀創業家及持有豐富資源及資金的投資者。而負責引領世界開發新的創新事業的重擔也從大企業換至新創企業的肩上，因此是否擁有促近新興企業發展的生態系統，也往往成為能夠左右該國家及都市競爭力的重要因素。

而構成生態系統的主體是我們至今持續討論的大學。第5章所提及的政府出資創投基金等投資者也在生態系統佔有重要的角色，再者還有政府單位、支援創業的加速器等官方與民間單位，而若是要比較各國、各都市的生態系統優劣勢的話，需要考量的要素有人才的豐富度、資金的密集度、市場的寬廣度、關係企業連結的容易度等。

根據美國調查公司 Startup Genome 於二〇二一年九月公開的調查報告，在評比世界各國對於新創企業最友善都市的排名中，美國矽谷穩坐第一名的寶座，並列第二則是美國紐約及英國倫敦，而亞洲城市中以中國北京的第四最高，依序為第八的中國上海、第九的日本東京、第十六的韓國首爾，而東南亞多國中唯一擠進前四十名的只有獲得十七名的新加坡，可見東南亞對於建構新創企業的生態系統這一點上，相比於歐美及東亞主要國家還有很多需要努力的空間。

不過在同一份調查報告中，針對「蓬勃發展的新創企業生態系統」的排名中，第三名是印尼的雅加達，第二十一到三十名的區段則有馬來西亞的吉隆坡入選，這一現象也顯示東南亞主要都市都在某程度上一點一點的籌備著孕育新創企業不可缺少的要素，而若是像新加坡的 Grab、Sea 以及印尼的 Gojek、Tokopedia 等成功的新創企業能夠持續增加的話，立志於創業的年輕人也會跟著增加、市場的熱錢也會隨之聚集。今後東南亞的新創企業生態系統會變得更加完善，也將大大改變其在世界各國的評比及排名。

從取得簽證到投資資金，提供全方面支援及協助

在這邊要開始介紹除了大學以外，構成新創企業生態系統的各重要因素。首先是從公司創立初期，持續協助創業家及促進企業成長的企業加速器。

出身印度的 Rajith Shaji 於二〇二〇年一月移居至新加坡，創立研發協助中小企業快速進行帳務結算的的系統的新創企業 Volopay，創業半年就與約六十家以上的企業簽定契約，創業至今兩年多事業版圖也擴及印尼、印度、澳大利亞。

雖說在 Rajith Shaji 來新加坡之前，在印度及國外累積了豐富的金融科技公司職涯經歷，不過他之所以能夠在來到新加坡後就立刻創立公司，還是要歸功於他身後創業加速器的支援，而該名為 Antler 的創業加速器協助創業家申辦移居新加坡所需的簽證，以及透過創業家育成講座指導企業經營知識，除此之外還投資 Volopay 十萬美元。雖然 Rajith Shaji 在創業初期就已有共同創辦人，不過在 Antler 數個月的企業家育成計畫中，協助介紹創業夥伴、投資者、顧問等，針對創業必經的每一個步驟都給予指導及協助。

創業加速器 Antler 不只專於於東南亞，在歐美等國一樣持續拓展育成相關計畫，不過在新

加坡的計畫，不斷的會有如同 Rajith Shaji 這樣的亞洲創業家聚集過來，而相對於數十萬人的創業家們，能夠參與的卻只有僅僅數千人，難免被說門檻太高，整備了容易創業的環境就是其高人氣的理由。Rajith Shaji 也說到：「我的母國印度與新加坡同樣都尚未受到金融科技洗鍊，而如果要創業的話還是選擇對於新創企業更開放友善的新加坡，所以計畫移居至新加坡。」

新加坡政府透過全新簽證達成想要的目標

創業加速器 Antler 之所以能夠在短時間就協助 Rajith Shaji 取得創業家專用的簽證，就是藉由與新加坡政府日以繼夜的合作。新加坡政府藉由「Startup SG」的品牌與創業加速器及企業導師的企業進行合作，而 Antler 就在那八十多個企業中的一個。而這些創業家的育成機構，如創業加速器及企業導師，會引導創業家將發展項目移至新加坡，也藉接的強化了新創企業的生態系統。

新加坡政府設置創業家專用的簽證「EntrePass」，不只是提供給已經自創業投資公司招募到資金的創業家，只要是參與政府認可的創業加速器計畫就可能可以獲得簽證，也是讓將來的創業家招募上變得更加有制度。

自二〇二一年一月起，開始提供名為「Tech.Pass」的全新簽證給已經成功開創事業的創業家，與一般固定就職於某公司的專職工作簽證不同，獲得這一簽證的人可能同時擔任多家企業的顧問，具有高度自由的工作方式及時間，而這一設定更是為了自國外招募ＡＩ、大數據等技術專家，以補足國內相關人才的不足，並藉由安排取得簽證的專家擔任新創企業的幹部及顧問，進而提升國內人才的水平。

而獲發「Tech.Pass」的條件被設定在「最近一年的月薪在兩萬新加坡幣以上」這一極高門檻，因為當時設定的發配額為僅限五千人，新加坡政府希望藉此能夠吸引到具有高度能力的人才。德國出身且本身也在新加坡創業的 Julian Artope 認為「Tech.Pass 能夠讓新加坡進一步從世界招募創業家」。

根據 Credit Suisse 於二〇二一年十月公開的報告指出，在東南亞國家協會的國家中，已催生共三十五間獨角獸企業，而其中的十五間來自新加坡，十一間源於印尼，而上述兩間國家也佔比超過三分之四。雖然經濟規模佔東南亞國家協會總體的近四成的印尼自然會有較多的獨角獸企業，不過人口僅有五百五十萬人的小國卻是在所有國家中居冠，想必是因為其完備的新創企業生態環境設置所致。

Credit Suisse 的報告還指出，上述的三十五間獨角獸企業，約有77％是於二〇一一年後才開創的新創企業。直至二〇二〇年代，創業家中年輕世代也逐漸增加，大學及投資家等組成的生態系統也日顯充實，東南亞將孕育出更多的新創企業想必也是顯而易見的事實。

第 7 章

接續東南亞三大事業體，各國的新創企業

馬來西亞、泰國、越南也不斷催生出新創企業

在第1章到第4章，我們了解到 Grab、Sea、Gojek、Tokopedia 等自東南亞發跡的巨型新創企業，從誕生到成為巨大企業的成長軌跡，而這些企業的成功也直接的引發次世代的新創企業不斷崛起，而這一章我們要介紹於東南亞持續成長的次世代新創企業。

東南亞的新創企業，尤其是市場估值超過十億美元的大型新創企業（獨角獸企業）大部分都集中在新加坡及印尼。

世界銀行於二〇二〇年發表的商業友善度相關的國際調查中，新加坡一如往常擠進了前五名。世界金融中心的角色，還有事業體擴及東南亞及甚至是整個亞洲的企業通常會將母公司設置於新加坡，綜合上述原因，因此造就了新加坡被稱為母公司的國家。舉例來說，雖然 Grab 創立於馬來西亞，不過在真正要發展的階段就將母公司遷至新加坡。Sea 則是以新加坡為據點，將事業版圖擴展到世界各地。

另一方面，印尼為東南亞最大的經濟大國，其最大的魅力莫過於廣大的市場需求，Gojek 及 Tokopedia 憑藉著印尼強大的內需而成長至今，其中 Tokopedia 更是特化為專屬於印尼市場的企業，並持續成長茁壯中。

不過東南亞其他國家狀況如何呢？東南亞第二大經濟體的泰國，以及具有約一億人口

的越南及菲律賓等國家，在 Grab、Gojek 等獨角獸企業自東南亞萌芽後，一段時間內尚無新的獨角獸企業誕生。

而造成上述結果的其中一個原因為價格剛性，這些國家的經濟主要受到國營企業、財閥等代表性的企業所操控，很難造就創新的服務及其衍生的創業家。

英國經濟學人雜誌於二〇一六年有關裙帶資本主義指數的調查，雖然是有點舊的調查資料，卻值得被參考，若是這個指數高的話，就代表著財閥對於總體經濟的支配度是高的，也足以解釋為什麼創新的服務很難創生。而這個調查報告顯示馬來西亞的指數為第二名、菲律賓則入主第三名、新加坡竟然在第四名，不過因為新加坡嚴格執行反貪腐及謝絕裙帶主義的政策的成功，國內的新創企業也得以成長茁壯。

就算是如此狀態下的東南亞各國，於二〇一一年起，馬來西亞、泰國、越南也不斷催生出獨角獸企業。隨著新加坡及印尼的經濟影響力的持續擴大，這股新創企業的波瀾也擴散至東南亞其餘國家，也在這些國家既有的國營企業及財閥等既存勢力支配的經濟體上打開了一個突破口。

在東南亞，隨著經濟成長，人們的生活也變得富饒，消費習慣也進入了下一階段，對於典型的移動需求，Grab 及 Gojek 藉由使用智慧型手機及活用 APP 造就全新的透明化服務，也打破了過往計程車及公共交通不透明及雜亂的收費制度，並進一步的為宅配及金融產業帶來革命性的服務，對於東南亞各國來說，藉由了解消費者移動需求改變，新的新創企業也得以誕生。

讓中古車買賣變的透明化的 Carsome

人們的生活若開始變的富饒，自有私家車的熱潮必定跟著到來，而此論證這正是自二十世紀取自美國及日本等眾多先進國家的經驗。二十一世紀的世界第二大經濟體中國正引領著世界新車販售產業，隨著人們變的富裕，往後對於車的需求並不會有太大的轉變。

東南亞的主要交通方式自腳踏車蛻變為汽車真的才剛剛發生而已。疫情擴大之前，以泰國及印尼為中心，汽車的新車市場正持續的蓬勃發展，而不只新車，中古車市場也持續擴大，根據印度 RedSheer 管理顧問公司的報告指出，二〇一九年東南亞的中古車市場約有五百億美元的規模，而這一偌大的市場不只遠超印度市場，更足以與中國市場叫板。

不過中古車市場的交易大多都不透明，在價格及品質方面也遇到非常大的挑戰，而跨越這些阻礙而來的新創企業，陸續都加入獨角獸的行列，二〇二一年六月，馬來西亞也迎來該國第一間獨角獸企業 Carsome，而以新加坡為據點的 Carro 以及 Carousel 也在同年成為獨角獸企業。

二〇一五年 Eric Cheng 於馬來西亞創立 Carsome。在二〇二二年三月透過書面採訪，Eric Cheng 提及他的創業動機：「之所以會創業是因為我與我的共同創辦人 Theo Junyi 在車輛買賣上都有非常慘痛的經驗。」當時 Eric Cheng 因此感受到市場缺乏車輛交易相關情報匯總的整合性網站，而開決定創立整合包括價錢及車輛相關情報的網站，而這也就是 Carsome 的開端。

如果觀看 Carsome 的官網的話，能夠發現 Eric Cheng 在成立 Carsome 之前曾經多次創業，但都以失敗告終，其中甚至包含失敗後想要從相同領域翻身的例子。

就如同前面所述，Carsome 起創的設定為單純比較車輛價格的網站，不過在營運網站的過程中，Eric Cheng 也開始注意到一件事，那就是中古車經銷商與買方間有嚴重且根深蒂固的不信任問題。Eric Cheng 於二〇二一年日本經濟新聞採方中曾提到：「雖然車是一個很方便的物品，不過在購買中古車的過程中真的很不方便。」而為了改變這一現象，他也將 Carsome 從單單的網站企業發展為提供中古車買賣的企業。

「對於東南亞人來說，汽車不僅僅是交通工具，更是家庭生活重要的一環，甚至是其中一部分人的收入工具」，而也因為如此「車輛買賣的方便性是非常重要的」，並且隨著家族成員的增加，更換更大的車對於東南亞家庭來說是非常常見的，Eric Cheng 也因此立志要開創一個能夠輕鬆買賣中古車的平台。

而 Carsome 的營運範圍早就不僅僅止於中古車買賣，汽車的保養維護甚至是汽車貸款等衍生性事務也都一手包辦，也大大提升了買賣車的便利性，平台使用量也因此得以成長，也從根本改善了過去中古車買賣雜亂無章的申辦流程和手續，以及交易市場不透明等問題。

Eric Cheng 也說到：「東南亞的中古車市場是非常破碎且事業體不具規模的，（中間省略）就算是總合市佔率前十大的企業也僅僅佔整體市佔率的 3％。」也指出東南亞中古車市場最大的問題是因為市場過度破碎，造成整體效率非常差。除此之外，數位化的進度也非常落伍，而著眼於中古車市場，致力於對中古車市場進行整體的垂直整合的正是 Eric Cheng 創建的 Carsome。

而 Carsome 商業模式的成功也是顯而易見的，只是就如同前面所述，東南亞市場的新創企業正如雨後春筍般的冒出，Carsome 也因此多了許多的競爭對手，Eric Cheng 提到：「中古車市場是非常有機會的，而且同業競爭者也正在以不同的方式漸漸朝數位化的方向推進。」不過就算是如此，Carsome 還是有別於其他企業的優勢。

「過去七年間持續累積的買賣交易、保養檢查、庫存管理等數據，是非常有優勢的，根據上述的數據，Carsome 能夠擁有獨立的定價引擎及估算每一位使用者最適合的服務，並且可串接汽車金融及汽車保險的服務。」除此之外，創業七年來累積的物流網、品牌名氣也都是 Carsome 最大的財產及優勢。

Carsome 除了馬來西亞之外，還將事業擴及新加坡、印尼及泰國，其中印尼及泰國正處於自腳踏車轉換成汽車的市場噴發期的國家。Eric Cheng 在二〇二一年三月日本經濟新聞的報導中也提到正致力於深根及穩固東南亞市場：「Carsome 僅佔東南亞中古車市場市佔率的僅僅1．5％，還有很大的進步空間，目標是希望可以達到3％的市佔率。」

在二〇二一年三月書面採訪中，Eric Cheng 針對團隊達到目標所發表的意見：「其實 Carsome 對我及 Theo Junyi 來說，與當初的規劃已經是天差地遠了。雖然對於經營團隊達成的目標是非常自豪的，不過對於能夠讓消費者能夠安心的擁有一台車的旅途還只在啟航的階段。」總而言之，隨著東南亞整體的成長，Carsome 的成長走勢圖也正持續朝右上快速上升。

宅配市場最後一哩路的挑戰

近年中古車相關主題的新創企業非常火熱，其中更是以宅配服務的新創企業為主流，在日本那樣郵政系統發達的國家，配送報紙完全是理所當然的服務，不過在東南亞國家中，對於私人的宅配來說，物品正確、時間快速的服務幾乎都最近才有的事。

舉印尼的例子來說好了，印尼的國營企業郵政公司 Posindonesia 的宅配服務甚至連首都的宅配服務都不完善，二〇一三年一月底時，當時（作者鈴木）正因為在印尼的商會實習而留在雅加達，卻突然收到日本經濟新聞公司寄來的聖誕賀卡，而卡片上東京郵局的郵戳竟然是前年十二月上旬的，像這樣郵寄商品延誤配送或是商品配送錯誤真的是家常便飯，而且國際包裹時常都是小包裹，基本上包裹抵達印尼後會被集中在雅加達市中心的郵政本局，而當時民間企業的裝況也大同小異。

然而到了二〇一五年以後，Grab及Gojek的事業版圖開始在東南亞各國快速擴張，兩間公司都透過活用網路販售、宅配餐食等服務快速獲得廣大市場群眾的青睞，上班族透過Grab及Gojek訂購餐點的行為在雅加達及曼谷可說是隨處可見，隨著疫情持續擴大所導致的外出禁令，居家宅配的需求因此相應而生。

根據美國Google二〇二一年的調查報告指出，東南亞主要六個國家的網路銷售市場規模，二〇二一年為一二〇〇億美元，相比二〇一九年約成長三倍，更預估二〇二五年預計成長六倍。

而隨之帶動是宅配市場，二〇二一年達到一八〇億美元的規模，預測二〇二五年可以突破二〇一九年三倍的規模來到四二〇億美元。根據矢野經濟研究所的市場推估，二〇二〇年日本知名物流企業Last One Mile的市場規模為二〇〇億美元，與日本總體宅配相同規模的市場已經誕生，不過隨著東南亞市場的急遽成長，不久的將來宅配市場的規模必定會超過日本市場。

而演變至今，也造就了若是各國中小企業沒有網路銷售就很難生存的商業模式，而另外也不可或缺的，還有包含消費者的餐食及物品宅配服務，負責物流服務的新創企業及陸續演變為獨角獸的企業也同樣受益於這樣的供應鏈。

根據 CB Insights 的報導，二〇二一年十一月底印尼的知名物流企業 J&T Express 一舉募得二五億美元的資金，市場估值約二〇〇億美元，也因此快速的成為了世界上屈指可數的十角獸企業。二〇一五年，原任職於中國手機製造大廠 OPPO 的高階經理人李傑與陳明永於印尼共同創辦 J&T Express，而 J&T Express 的名稱也是取自兩人名字的字首，並陸續將事業版圖擴展至鄰近的東南亞等國及中國。

而在東南亞的物流市場，泰國的 Flash 集團創立了 Flash Express，新加坡則有獨角獸企業 Ninja Van。

泰國的第一間獨角獸企業 Flash 集團源於二〇一八年由創辦人李發順創立的 Flash Express，而 Flash Express 起初主要提供商品宅配服務。創辦人李發順出生於泰國北部的清萊的貧窮的華人家庭，而他在台國雜誌「Bangkok Post」採訪中提到：「挑選市場規模大且產業正確的話，就算是出生於貧苦家庭也能夠開創獨角獸企業。」

他強調他成功的關鍵來自於合適的企業團隊。在「Bangkok Post」的報導中指出，Flash

Express在中國設有三百人的專業技術團隊，來支援泰國市場的各式需求，而雖然Flash Express起源於泰國卻放眼於東南亞國家協會整個市場，並說到：「要將泰國的成功案例跨越國境複製到其他國家，也能夠就此提供許多中小企業的就業機會。」

就算是卜蜂集團及協成昌集團等實力雄厚的泰國財閥，仍然是需要擁有才能或別出心裁的發想才能演變為成功的新創產業，而李發順之所以有如此的體驗，也是來自於研究印尼Tokopedia的創辦人William Tanuwijaya的經驗所累積。而這也代表著改變過去富者恆富的東南亞經濟體制度的齒輪，正在確實且穩健的轉動著。

以金融科技蓬勃發展的東南亞市場作為背景

在東南亞，金融科技企業如雨後春筍般湧現，某種程度上成為全球趨勢的先鋒，持續孕育其誕生並促進其蓬勃發展。

就如同第1到3章所述，Grab、Gojek以及Sea作為東南亞成長引擎之一，都非常重視電子錢包等的金融服務，並在各個國家提供P2P網路借貸（不透過金融機構，個體戶間直接進行金錢借貸），及售後付款的交易模式等服務的新創企業越來越多，日本售後付款的服務市場最近非常夯的議題則是Paypal用約三千億日元收購Paidy。

金融科技產業還提供投顧信託、保險相關商品等多面向的金融服務，其中更有以比特幣廣而為人知的加密資產及其衍生出的眾多相關交易所，而加密資產也因洗錢防制等觀點被強制的控管著。

東南亞在金融科技發展的狀況，在排除掉新加坡及馬來西亞之外的國家，基本上金融機關的服務並未擴及至個人服務，大部分的個體戶的金融需求並未被滿足，根據世界銀行二〇一七年的調查，在東南亞各國十五歲以上的個人帳戶持有率，印尼為48％、菲律賓為34％、柬埔寨及緬甸則僅有約兩成，也就是說上述國家十五歲以上的個人帳戶持有率都沒有過半，不過調查中也僅有日本及新加坡等國持有率接近100％。

可是就算是個人帳戶持有率如此低迷的東南亞各國，都因為經濟成長而促成了各式各樣的物品、服務交易的開始，而這樣的金融科技需求，該如何去滿足也是業界最受矚目的課題，這其中潛藏著巨大的挑戰與無限可能的商業機會。

舉例來說，想要買稍微貴一點的東西的時候，在日本通常都會使用信用卡進行付款，並且也有由家電量販企業與保險公司合作所提供的分期付款服務，而若是購置家與汽車等的時候，也能夠藉由銀行等企業提供貸款的服務。

在日本，金融機構提供上述服務根本是理所當然的事情，直至最近就連大手銀行都提供不需要帳戶管理費、讓任何人都可以輕鬆開戶的服務，只不過在東南亞為了避免呆帳的風險，對於沒有穩定收入的人是不允許開設銀行帳戶的。從帳戶持有率低的情形來看，傳統的金融機構對於一般民眾來說並不是一個平易近人的服務。而如何提供全民可近的金融服務，也就牽涉到所謂普惠金融的這一社會議題，金融科技公司正如同一線曙光努力的嘗試照亮這一不平等的黑暗。

金融科技公司就像是沒有分行的銀行一樣，透過智慧型手機，不管是誰都能夠簡單的透過電話號碼申請開設金融帳號，使用者也因而快速增長。而且就如同阿里巴巴集團的金融服務公司螞蟻金服在中國市場擴展一般，對於過去因為沒有銀行帳戶以及不曾有過任何金融交易等而無法取得金融借款的人們，都能夠透過使用ＡＩ提供信用貸款借出資金。取代傳統與銀行帳戶連結的信用卡模式，由透過智慧型手機APP交易的售後付款成為主流，在印尼市場被民眾廣泛使用。

東南亞一家企業用智能手機APP試驗了相當於住宅擔保貸款的金融服務。在金融服務不發達的東南亞新興國家，正致力於在金融革新方面走在世界前列。

促進越南經濟快速成長的良好商業環境

而在東南亞金融科技快速發展的背景下，接續著新加坡、印尼之後，越南吸引最多關注。二〇二一年十二月瑞穗金融集團旗下的瑞穗銀行發布，購入於越南經營交易服務及MoMo網路購物平台的M Services 7．5%股權，而後根據CB Insights的報導，M Services的市場估值達到超過二二億美元。

越南市場上，不只M Services這一企業，連同軟銀願景基金投資的VN Pay的子公司VN Life都與Grab進行一定程度的戰略合作，以金融科技為主要服務的科技公司正相繼的成長茁壯。

而其中特別有提到的是MoMo購物，作為以商品交易為主軸提供生活中任何一個所需服務的超級APP地位是非常穩固的，根據瑞穗金融集團所發表的公開資訊所示，MoMo購物在越南數位化交易市場的示佔率超過五成。

越南近幾年就算是與東南亞眾多國家相比也是呈現著極高的經濟成長率。越南雖然在二〇〇七年被分類在國民所得毛額是一千美元以下的低所得國家，直至二〇二〇年已經上升至兩千六美元，與中所得國家定義的三千美元相去不遠。一般來說，當國家到達中所得國家的水平，中產階級的生活也會跟著變的富裕、並擴大其市場消費，進而增加外食及旅行等的有別於基本生活所需的花費。而越南市場急速擴展的時期，正好遇上世界數位化的浪潮，隨之也加速了越南金融科技的開花結果。

根據Google的調查，預估越南的網路經濟市場規模，二〇三〇年將會成長為二〇二一年的十一倍達到二二〇〇億美元，也是東南亞主要國家中市場擴大速度最快的國家，而越南政府也將金融科技視為國家發展首要目標持續招募資金的投入。

處理垃圾相關社會問題的創業家

東南亞的新創企業就如同前面所述，大部分都是希望透過商業來解決社會問題而開始創業的，Grab 以及 Gojek 皆是為了改善大眾運輸服務而創立，Carsome 則是希望提供透明的中古車市場，Flash Express 則自提供中小企業物流服務起家，並致力於提供中小企業良好網路銷售通路的平台。

近年有更多的年輕企業家們為了改善社會問題而踏上了創業之路，在這邊要為大家介紹的是為了解決印尼垃圾問題的 Waste4Change（w4c），以及致力於研發人造蝦肉來解決糧食及環境問題的新加坡新創企業 Shiok Meats。

便利的都市生活隨之而來的就是垃圾問題，就算是不斷提倡資源回收及減塑的現代社會，只要我們生活在都市中就會持續的製造垃圾。在日本，雖然因為不同地區略有不同，不過基本上是由政府單位進行垃圾的收集處理，而雖然回收再利用的意識已深植在大部分國民的認知中，不過環境省（環保署）指出日本在二〇二〇年每一人一天還是會製造九一八公克的垃圾。

而亞洲其他國家的狀況更為惡劣，除了新加坡實施亂丟垃圾會被嚴重罰錢、塑造垃圾不落地之外，其他的國家路邊隨處可見食物包裝紙等的垃圾。而受到世界減塑意識響，民間也開始針對購物袋收費及停用塑膠吸管等進行努力，不得不說稍嫌過晚。

而其中印象特別深刻的是家庭及企業等的垃圾處理，多數的國家幾乎沒有設置垃圾焚化工廠，大多都是將垃圾拖往郊外進行掩埋，舉例來說，印尼的首都雅加達的近郊城市勿加泗市就因為堆積如山的垃圾山造成環境及健康等的問題。

亞洲的城市政府通常會因為沒有穩定的金流，而缺乏妥善處理垃圾的能力。不過隨著經濟成長、都市發展隨之而來的就是垃圾的持續增加，而希望透過商業來解決此惡性循環的就是 w4c。

w4c 的創辦人兼董事長 Bijaksana Junerosano（Sano）於二〇二〇年三月的採訪中說到：「我們將處理及管理印尼的廢棄物處理視為職責來經營公司。」

「企業本身的結構是非常簡單的」，就如同 Sano 所說的那樣，w4c 是透過自行設置垃圾桶及回收箱等來進行廢棄物回收，再收回公司進行分類，將可用的資源回收。如果是廚餘就進行堆肥處理，再來就是將垃圾的容量大幅度的壓縮後送往垃圾掩埋場。這些內容對於日本人來說是理所當然的，不過因為資金不足等許多的問題，造成印尼長年都無法實現這樣的流程結構。

雖然 w4c 起源於非營利組織的設置理念，Sano 的想法卓越之處在於能夠藉由商業模式來實行垃圾處理。他自詡為「廢棄物管理的諮詢顧問」，w4c 並不僅止於負責執行垃圾處理業務的公司，也提供政府機關及企業等廢棄物處理相關流程的諮詢服務以獲取收入。

他在接受作者（鈴木）的採訪時說：「若是將金流去除的話，這一事業是很難實現的」，期望公司能夠一邊獲得穩固的收入來源，一邊為社會貢獻己力。

而 w4c 目標是獲得創業投資公司投資進而擴大事業體。根據專門針對創業投資情報蒐集的 CrunchBase 報導，w4c 相繼獲得印尼知名財閥金光集團（Sinar Mas Group）的創業投資公司及專注於東南亞新創企業投資的 East Ventures 等的資金投資，而投資 w4c 的其中一間創業投資公司 Agaeti Venture Capital 的一般合夥人 Michael Soerjadji 說到：「我們持續投資的是一間承擔著強烈社會使命，能夠為印尼帶來更大不同的企業。」

研發人造蝦肉的 Shiok Meats

糧食問題並不僅限於亞洲區域，更是全球現在所面臨的共同課題。進入二十一世紀之後，映入世人視野的是日益嚴重的食用肉類的問題，隨著經濟的持續成長、演進，肉類的需求也會日益增加。以中國為首的新興國家陸續於二十一世紀崛起，肉類的消費市場突然擴大，就算是東南亞地區也能夠深刻的感受到，不僅僅是雞肉，牛排店等提供牛肉料理的餐廳正在迅速的增加。

為了製造一公斤的食用肉類，牛肉需要消耗十一公斤的穀物，豬肉則是六公斤，就連雞肉都需要四公斤，除此之外還需要大量的水資源，所以肉食主義對於環境的負擔是相對高的。而食用海鮮也同樣造成許多環境的問題，包括天然漁獲的過度捕撈，以及東南亞為了人工養殖蝦類而大量破壞紅樹林等問題可說是一言難盡。

為了解決上述問題而備受期待的解決方案就是人工製作的替代肉及培養肉，替代肉透過大豆等植物來重現肉的口感，培養肉則是透過人工「培養」技術來製造肉組織。

過去多以大豆製作的素肉來泛稱替代肉，不過其實本質上與真實肉品是相差非常多的。最近，透過技術革新還原絲毫不遜於真實肉品的口感及味道，而最先將此項目於市場上販售的是美國知名連鎖速食餐飲企業漢堡王，推出以使用美國企業 Impossible Foods 替代肉為亮點所製作的漢堡，炸雞知名企業肯德基也於二〇二二年一月期間限定販售使用美國 Beyond Meat 以植物製造的替代肉來製作炸雞。

而在此問題上進一步受到世人所注目的是使用次世代技術來製造的培養肉，雖然各國都致力於培養肉的研發及製作，不過其中備受注目的是以創新技術培養亞洲人鍾愛的蝦類、甲殼海鮮肉品的新加坡獨特新創企業Shiok Meats。

Shiok Meats是由原任職於新加坡科技研究局專精於幹細胞研究的兩位同事Sandhya Sriram與林凱儀於二〇一八年八月創立，擔任CEO的Sandhya Sriram說到：「我們計畫二〇二二年設立能夠商品化量產的工廠，二〇二三年中則會開始販售人造培養肉的商品。」而從日本、美國、歐洲、韓國等世界各國招募的資金更是達到了三千萬美元。

位於新加坡西部的Jurong West工業區內，設有支援食

共同創立Shiok Meats的Sandhya Sriram（左）及林凱儀。（Shiok Meats提供）

品技術新創企業的專業設施，數量眾多的最新型生物反應槽從兩公升至兩百公升各種大小一應具全，身穿全套白色研究服的年輕研究者正為了培養肉商品化這一目標，反覆進行研究以尋求最適合甲殼類細胞增殖的環境條件，而這就是 Shiok Meats 自二〇二一年十一月在此設廠後，日以繼夜不斷出現的光景。

Shiok Meats 致力於甲殼類培養肉的開發，取出蝦類等海鮮的細胞，置入含有豐沛胺基酸及蛋白質等營養液中，並經過四到六週的培養就能夠生成碎肉狀的成品。不過這一領域需具備高度的生物學知識及投入高額的金費購置生物反應槽等精密設備，進入門檻非常高，所以投入的企業並不多，特別是針對甲殼類培養肉研發製作的企業可說是少之又少。

Shiok Meats 可謂是在蝦子、螃蟹、龍蝦等培養肉產業快速獲得成果的產業先驅。Sandhya Sriram 說：「藉由科技技術來改革持續造成地球環境問題的水產業已是迫在眉睫的議題。」新加坡永續發展與環境部長傅海燕也對此寄予厚望：「Shiok Meats 具備的創新技術能夠大幅減少土地及水資源的使用，並能夠在不產生二氧化碳的情況下就能夠製造培養肉。」

在醫療保健及教育領域也出現了卓越的新創企業

至此，東南亞各國都陸續成功開展了新創企業，而各企業的創業動機，企業核心價值大多都是希望藉由商業來改善社會問題。新興國家隨著經濟的成長，所造成的社會問題也是不勝枚舉且源源不斷的出現，而相反的若是以積極正面的態度去思考，光是就社會問題所衍生的創業機會就為數不少了。

而實際上，新興國家現今在醫療保健及教育領域也出現了許多新創企業，不過大多都因為預算金費等的限制，而造成影響力遠遠不及國家及政府單位。隨著疫情嚴峻，面對面看診及教學變的相對困難，透過科技技術而開始的遠距醫療及線上教育服務開始快速的成長。

在東南亞醫療水平相對低的地區，仍得以透過使用智慧型手機等科技裝置來施行遠距醫療，將醫療保健科技領域的服務從醫院診療擴展至將藥物送到病人家中的水平。根據經濟合作暨發展組織二〇一九年的調查指出，以印尼來說每一千人平均只能夠分配到一張病床，相對於全球三十八個市場經濟國家平均值的四點三張病床是差距很大的。順道一提，在這一表現上日本為世界居冠的十三點一張病床，就連中國也具有接近平均值四點三張病床的水平。而這樣的狀態同樣表現於醫師人數上，全球三十八個市場經濟國家統計每千人平均相對的醫師人數為三點五人，印尼卻僅僅只有〇點三人的極低比例。

而當中特別受到關注的是因感染 Covid-19 而無法前往醫院的民眾，仍能夠在家中透過智慧型手機接受醫師診察及遠距醫療的服務，舉例來說，印尼的 Halodoc 就是透過 APP 來提供醫師診察及社區送藥的服務，而初期由 Gojek 及印尼國營電信 Telekomsel 所投資的 Halodoc 更是在二〇二一年四月發表了募得八千萬資金的公告，新投資者包括印尼最大的複合型企業 Astra International、新加坡政府出資的投顧基金 Temasek Holdings 等。

結合教育及科技技術而衍生的教育科技公司則包含印尼的 Ruangguru 等正成長為東南亞具有影響力的新創企業。根據某個調查指出，東南亞國家協會主要國家教育相關的新創企業有超過五百間以上，隨經濟飛速成長，高等教育甚至是重視教育的國民都日益增加，而這些企業就是相應。而緊鄰於東南亞的印度，Byju's 及 LEAD School 等教育科技領域的新創企業正成長為獨角獸企業，而在東南亞地區的教育科技新創企業成長為獨角獸企業也指日可待。

第 8 章

財閥第三代所潛藏的無限可能性

東南亞大多的企業都是家族企業

在東南亞大多國家，民間企業體「財閥」具有強大經濟實力地位。而Grab及Gojek等新創企業就是從零開始成長為這樣的巨型事業體，雖然能看到東南亞經濟體改革的跡象，不過「財閥」的地位仍然屹立不搖，作為經濟市場主要的角色君臨著一切。而財閥對於新創企業寄予厚望的實例也是有的，本章就是要介紹印尼的財閥與新創企業的關係。

所謂「財閥」到底是什麼呢？根據《日本大百科全書》（小學館）的解釋，財閥是起源於明治時代的新聞界用語，泛指出生地相同的金融業從業團體共同從事的事業活動，在那之後則統稱三井、岩崎（三菱）、住友等大富豪，或是由他們支配下所營運的企業體為財閥，而在第二次世界大戰之後，更進一步的將財閥定義為「特定的家族或是由同一家族獨佔及支配體制下多領域發展的企業體」。

若是以外國用語來說的話，大概是類似英語的Conglomerate、德語的Konzern等用語，但這些詞語意味著在一個產業中把支配性和企業捆綁在一起，並不一定帶有家族經營、同族經營的意思。不過並不僅限於家族經營或是家族企業，所以字面上的意思還是存在著細微上的差別。

而東南亞的狀況則是與日本較為相似，由某一家族單獨掌握著集團，也就是英語中的

Family Business 比較能夠正確的表現出實際的狀況。為什麼呢?時至今日，東南亞企業體創辦人的想法往往能夠左右企業體的經營方向。英國倫敦帝國學院的管理研究學院的研究指出，亞洲的企業體有85%為家族企業。

而東南亞的主要企業幾乎都是家族企業或是同族企業。在印尼代表性的家族企業有 Salim Group（包含知名食品企業 Indofood、Succes、Makumuru 等）、金光集團（包含知名製紙大廠亞洲紙漿、電力資源產業、不動產業等）、力寶集團（包含不動產業、批發零售業等）。而泰國則以卜蜂集團及協成昌集團為知名的家族企業。馬來西亞則以郭鶴年創建的 Kuok Group 最為繁盛（包含知名農業企業、豐益國際 Wilmar International 等）。

大部分的東南亞財閥都是在戰爭中至戰後開始投入創業，所以現在非常多企業都是由第二代或第三代參與經營，企業的創辦人們不只是參與事業經營，更實際的透過股份控制企業的方向。

說到東南亞財閥，最大的特點應該是以華人體系的財閥為大宗，就算是現在也仍然有許多集團與大中華圈有深刻交流，舉例來說，Salim Group 主要事業體的控股公司 First Pacific 就是將公司據點設置於香港，金光集團也將製紙等企業版圖擴展至中國市場，力寶集團的創辦人李文正與中國現任國家主席習近平在其擔任福建省共產黨黨委書記時，曾經一同推動當地發電廠的設置等事宜、關係匪淺。

當然，並不是沒有馬來西亞人的財閥，如菲律賓的 Ayala Corporation（涉及房地產等）那樣，曾被西班牙殖民過的財閥，以及像印尼的 CT 集團（擁有電視台、銀行、大型超市等）等。

財閥經營者不斷露頭角的深意

外人在大多情況下，都是不太知曉這些財閥在大多時候的經營狀態，而且經營者也不太會在媒體公開露面，集團的整體經營狀態成謎。且上述的財閥轄下的企業大多都未上市，基本上也不需要公開財務報表，更別說是創辦人持有多少的股權，以及企業實際支配及被支配的權力都是無法得知的。

而且這些經營者都不希望自己太過醒目，所以基本也不大接受媒體的採訪，在印尼包含當地的報導，對於財閥經營者的採訪及相關報導都少得可憐。

而東南亞財閥中，印尼財閥最為神祕，而這也是有理由。印尼自一九九八年起曾遭受蘇哈托長達約三十年的獨裁統治，財閥、特別是華人財閥開始深入政權，在各種領域都獨佔許多資源，曾有「財閥支配國家經濟」這麼一說，雖然不知道明確的來源，不過確實能時常聽到「印尼經濟有七成掌握在華人財閥手上」。而在這樣的狀態下，一九九八年五月因亞洲金融風暴的後續效應，造成進口商品價格飆升，國內經濟陷入混亂，民眾的憤怒也因此朝向華人財閥。

美國《華盛頓郵報》於一九九八年五月十七日的報導中紀載著力寶集團於雅加達近郊開發的都市 Lippo Karawaci 當時的狀況。

在某間大型商場[14]正冒出濃濃灰煙，而商場二樓有許多臉部塗迷彩的武裝士兵正在巡邏，戴著白色頭巾被聘僱為保全的年輕男性，卻與兒童及青少年一起在家具展示間閒晃，把現場擠得水洩不通。

雅加達的暴動造成當時 Salim Group 的總司令 Sudono Salim 的宅邸被燒毀，以及大量的華人企業主逃離印尼，在亞洲金融危機及上述雅加達暴動的衝擊下，可想而知印尼財閥們更加不會露面。

在一九九八年印尼民主化之後，在處理不良債權時，Salim Group 及力寶集團等主要財閥也不再介入公家金融部門，國家的事業體也得體重組，不過我想時至今日，財閥仍在印尼的經濟領域上穩穩的佔有一席之地。

14 位於 Lippo Karawaci 的某一間曾為 Lippo Group 所有的大型商場。

視野被打開的財閥——財閥第三代

印尼的財閥經營者大多都非常低調，就算在記者會等露面也都是非常難能可貴的，更別說是採訪根本次難上加難，也就是說基本上企業集團層峰對外說明經營情況的機會根本不會有。

不過最近這個狀況正在一點一點的改變，日本經濟新聞的〈我的履歷書〉中登載了卜蜂集團的主要股東正大國際集團謝國民董事長以及力寶集團的創辦人兼董事長李文正的生平故事，而創立亞洲屈指可數的代表性企業的兩人所闡述的分享也是許多讀者非常關心的。

而財閥內部也正在進行著世代交接，相對於祖父母及父母時代對於媒體的排斥，受到歐美教育洗禮的財閥第三代創業家們就比較沒什麼排斥，有關他們發言的相關報導也會不時出現，大大改變了過去對財閥的印象。

舉例來說，力寶集團的創辦人兼董事長李文正的孫子 John Riady，目前擔任集團核心事業 Lippo Karawaci 的 CEO，並被選為世界經濟論壇（達佛斯論壇 Davos Forum）中全球青年領袖的一員，不管是在自身產業還是印尼的經濟領域都積極的提高自身的聲量。領導著金光集團不動產相關領域企業 Sinar Mas Land 的 Michael Widjaja 也出席了公司的記者會並親自說明其企業展望。

如前所述，東南亞的財閥大多出生於第二次世界大戰前後時期，時至今日已由他們的兒女輩擔任企業的會長及董事長等領導高層的職位，而他們的孫字輩大約三、四十歲左右也大多都在企業內部的核心工作擔任要職

印尼金光集團的主要核心產業包含製紙業、不動產業及棕櫚油製造業，財閥第三代都有相當的關係。舉例來說，Sinar Mas Land 由第二代的 Muktar Widjaja 擔任董事長，而其的兒子 Michael Widjaja 則擔任同一企業的 CEO。

而 Salim Group 也是如此，整個集團由第二代的 Anthoni Salim 指揮，而他的兒子 Akusuta Salim 則主責 Indofood Sukses Makmur（國民美食 Indomie 製造販售的食品公司）的商品開發與數位化相關的新創項目的開拓發展。而財閥第二、第三代共榮共治的現象，就連菲律賓最大的集團之一的 JG Summit 也是如此。

領導力寶集團的年輕菁英經營者

前面有介紹到東南亞的經濟是圍繞著財閥集團為重心，而受到歐美教育洗禮的年輕財閥第三代卻開始轉變，漸漸將目光投往新創企業。在這邊要特別帶大家來一瞥與新創企業有著特殊淵源的兩位印尼財閥第三代。

二〇二一年十月一日，印尼金融當局提供的資料指出，新加坡的 Grab Holdings 共收購了在印尼提供電子錢包服務的企業 OVO 90％的股份。日本經濟新聞及彭博等報章雜誌也相繼報導此事，Grab 自原始股東購入 OVO 的股票，持股佔比從原本的39％提升至90％，而這一交易也代表著開創 OVO 的力寶集團完全撤出了 OVO。

根據 CB Insights 的報導，經營 OVO 服務的企業的市場估值為二九億美元，也是印尼第五間獨角獸企業，不過在 Grab 取得90％股權之後，OVO 成為由 Grab 和 Tokopedia 兩家東南亞獨角獸公司作爲主要股東的特色企業。

OVO 作為提供印尼主要的電子錢包服務的企業之一，不只是在首都雅加達可以使用，通路更迅速得擴展至各鄉鎮市的店家。而最近來訪印尼的人，大概在各處都可以看到有著紫色背景寫著白色 OVO 字樣的看板，而催生 OVO 這一企業的正是力寶集團的年輕總司令 John Riady。

John Riady 出生於一九八五年五月的紐約，於美國喬治城大學主修政治學及經濟學，之後於美國賓夕法尼亞大學取得商業管理研究碩士（MBA）的學位，再到美國哥倫比亞大學就讀法學博士並取得美國律師執照。回到印尼後，來到力寶集團經營的知名私立大學 Pelita Harapan 擔任教授，並同時擔任力寶集團旗下的媒體集團 Berita Satu Holdings 經營者以及英文報紙《Jakarta Globe》總編輯等的角色。就如前面所述，John Riady 被選為世界經濟論壇中全球青年領袖的一員，作為年輕菁英經營者正被世人的目光所關注著。

受惠於 John Riady 的家族背景及其亮眼的資歷，真的與其見面，發覺他並不是那種驕傲自大的人。看過成千上萬財閥的知名日系企業的幹部說：「太正直了，讓人不禁擔心會被欺騙」的那種好青年。

John Riady 於二〇一七年所開創的 OVO，起初只不過是力寶集團所持有的百貨店及量販店等共用的消費點數服務系統，而就在當年下旬桌胎換骨轉變為提供電子錢包的服務。

在二〇一七年底作者（鈴木）訪問他時提到：「在數位化的世界中與消費者的連接點的是電子錢包，而誰擁有它、誰就擁有客戶。」

力寶集團的總司令 John Riady。（作者攝影）

John Riady 於二〇一五年以後，作為力寶集團所設立名為 Ventura Capital 的創業投資公司實際上的負責人，負責統籌力寶集團數位化事業體，而 Ventura Capital 作為 Grab 的初始投資者也是廣為人知的消息，並且持續的深耕東南亞新創企業網絡，與企業經營者及投資者們進行交流，而將網絡中所獲得的數位化知識，活用於家族企業力寶集團旗下的零售業而造就了 OVO。

雖然創立 OVO 獲得成功，不過在這之前也是有嚐過失敗的經驗，過去曾與三井物產等企業共創的 Matahari Mall.com，大張旗鼓的插旗東南亞網路銷售市場，不過隨著印尼知名網路銷售企業 Tokopedia 及新加坡 Sea 集團所經營的蝦皮購物的攻城掠地下，僅僅不到數年就宣布退出東南亞市場。

從失敗中學習，成就電子錢包的成功

Matahari Mall.com 於二一五年九月開始提供服務，也正巧是印尼智慧型手機普及、網路線上服務蓬勃發展的時期，Gojek 也於同年開始於 APP 提供車輛派遣及貨品宅配的服務，而力寶集團所經營的網路銷售平台也冠上旗下零售業 Matahari 的名稱，對新創企業來說知名度大增。

John Riady 的父親、也是力寶集團現任 CEO 的 James Tjahaja Riady，二〇一六年十一月於東京參加日經論壇「世界經營者會議」後，在接受作者（鈴木）採訪中說出「力寶集團的下一階段的重心就是數位化」這樣的宣言，可見網路銷售平台及電子錢包產業已成為其集團發展之重心。

以當時的背景來說，網路銷售平台較為現實且可行，反觀電子錢包則較為夢幻且虛無飄渺，不過實際上的執行狀況卻與預想恰恰相反。力寶集團網路銷售平台的成長及發展不可預期，不過反觀電子錢包，夾帶著旗下百貨及超級市場具有的六千萬名會員大數據資料，John Riady 及力寶集團經營團隊也很快的將重心從網路銷售平台移至電子錢包產業。

John Riady 的祖父，同時也是力寶集團的創辦人李文正曾經被問及有關 Matahari Mall 的相關事宜，他是這樣回答的：「John Riady 在 Matahari Mall.com 這一事業上經歷了很大的挫敗，而為什麼會如此呢？因為他只顧慮到買家（使用者）的感受，卻完全沒有思考賣家的狀況。」

直至二〇一八年，設置於雅加達庫寧案地區商業大樓的 Matahari Mall 總公司，不知從何時便成了 OVO 的總公司，而 Matahari Mall 則改作為百貨 Matahari 的網路銷售通路在鎂光燈外持續的運營下去。

力寶集團的創辦人李文正認為 John Riady 之所以能夠成功創建 OVO 企業，都必須歸功於 Matahari Mall 的失敗，成就讓賣家也得以輕鬆導入的模式，而也是因為這個原因，讓加入此服務的會員商店迅速擴展，就結果來說不只是消費者的使用便利性大幅提升，也讓 OVO 躍升成為印尼電子錢包市場的龍頭。

而對於 John Riady 來說最為不幸的事情是，因為力寶集團核心的事業體不動產業領域持續委靡不振，造成力寶集團於二〇一九年十二月全面的退出數位化領域相關市場。而主要是因為力寶集團雖然將投資主力設定為在雅加達近郊建置能夠容納一百萬人居住的城市 Meikarta 這一大型的專案，不過卻忽略了印尼的經濟成長較為疲軟，因而產生大量的舉債問題，而力寶集團也因此被迫將事業體及資源集中，也因此必須捨棄初生之犢的數位化事業體。

目前 John Riady 擔任力寶集團核心事業 Lippo Karawaci 的 CEO，正持續執行以不動產業為中心的領導方向。二〇一九年十二月 John Riady 到訪東京時與他進行採訪，想聽聽其對數位化事業體的想法，而他沉思片刻後給予我這樣的回覆：

「（在數位化的世界）我的角色是配角而不是主角。」

感覺他對於從主要推動印尼電子錢包這一交易服務拓展至生活各處到突然離開此領域這件事並不留遺憾。

挑戰數位化的金光集團財閥第三代

在印尼，藉由智慧型手機等設備接受醫師診察的遠距醫療服務正在快速的拓張，二〇二〇年隨著疫情嚴峻而導致人民活被限制，連到醫院看病都變得困難，不過也因此透過數位化大大拓展了遠距醫療的可能性。

為了預防 Covid-19 感染的持續擴大，印尼的佐科總統於二〇二〇年四月對所有人民宣告了一項重要行政命令「透過線上進行醫療診療，並在家中就能取得藥物」，Halodocr 及 Clinic Doctors 等提供透過智慧型手機接受遠距診療服務的企業，一舉成功建構了遠距診療的商業模式，而其中之一項服務就與金光集團財閥第三代具有密不可分的關係。

二〇一九年九月二十五日，對於大部分的印尼人來說，有一位令人非常意外的人士作為遠距醫療新創企業 SehatQ（我的健康）的創辦人及 CEO 出現在記者會的媒體面前，那就是大財閥集團金光集團財閥第三代之一的 Linda Wijaya。

有關印尼財閥集團金光集團，由財閥第二代 Franky Widjaja 作為集團門面出席事業體的各種典禮及活動，而主責不動產事業體的財閥第三代 Michael Widjaja 則不定時參加相關記者會。Widjaja 作為創辦金光集團的家族，除了上述成員外，其他家族成員出現在公開場合是非常少見的，Linda Wijaya 出現在 SehatQ 的記者會上，對我們來說也是從沒遇見過的情況。

就像矽谷新創企業經營者的穿著一樣，Linda Wijaya 身穿松綠色 T-Shirt、外面罩著大外套出現在媒體面前，雖然有時說話會較為快速，但在記者會的表現可真是可圈可點。

而在那場記者會的兩天前，作者與同事一同前往位於雅加達市中心 Sinar Mas Land 內的辦公室訪問 Linda Wijaya，詢問關於開創遠距醫療新創企業的契機，訪談約將近一小時，也與她有說到話，對她的印象是整體形象是非常開朗上進的。

「首先為了招募到更多的使用者，暫時是不需要付費的」、「印尼隨著經濟成長，醫療的需求也會隨之升高」、「希望將來能夠將此企業培養成集團事

金光集團的財閥第三代，SehatQ 的 CEO Linda Wijaya，作者攝影。

業體內不可或缺的支柱」，作為新創企業的經營者的 Linda Wijaya 說著她的想法。

具有悠久歷史的大型企業迎來了轉變

Linda Wijaya 於一九八一年出生於爪哇島東部的泗水。祖父 Eka Tjipta Widjaja（二〇一九年過世）為金光集團的創辦人，爸爸是世界最大製紙大廠亞洲紙漿的董事長 Teguh Ganda Widjaja，為金光集團的第三代，二〇〇三年獲得於美國哥倫比亞大學金融工程研究碩士（MBA）的學位，二〇〇四年則至其父親經營的亞洲紙漿開啟職涯。

Linda Wijaya 於亞洲紙漿負責統籌印尼的事業經營，而亞洲紙漿是營業額高達兩百億美元以上的超大型未上市企業，不過讓她最傷神的是，在具有悠久歷史的眾多企業中，亞洲紙漿正處於近年提倡環保議題所必須改變的企業之列。

亞洲紙漿的主要營運項目會破壞印尼珍貴的熱帶雨林，多年來持續受到環境保護團體的抗議及撻伐。環境保護團體綠色和平持續瞄準使用亞洲紙漿包裝紙等相關製品的歐美企業，推動大規模的活動，而其中以針對知名玩具製造廠商美泰兒（Mattel）[15]的抗議活動最

15 編按：知名玩具公司，旗下品牌包括芭比娃娃、風火輪、火柴盒小車、UNO、侏羅紀公園等。

為人知曉，甚至收到目標客群回應「我認為這是很棒的活動」，影響力不容小覷。

「芭比，該停止了」。二〇一一年六月環境保護團體綠色和平的成員入侵位於美國加利福尼亞近郊的美泰兒總公司，並自總公司的頂樓垂下巨大的帷幕，以芭比男朋友肯尼的口吻寫下「沒辦法跟破壞森林的女子交往」的分手信，對製作芭比人偶的世界知名玩具製造廠商美泰兒施加壓力，不再使用亞洲紙漿所製的包裝紙等訴求，並以此為契機依序勸戒歐美企業終止與亞洲紙漿的合作。

對於受到環境保護團體綠色和平嚴格的批評，也是家族企業創業至今不曾經歷的危機，Linda Wijaya 開始尋找能夠同時守護熱帶雨林又持續公司營運的解決之道，而如何達成此目的呢？訂出紙及紙漿的原始材料全部都用人造林來達成「自然原木林零採收」的方針，並說服爸爸及亞洲紙漿經營團隊於二〇一三年二月向世界宣告亞洲紙漿要執行自然原木林零採收的「森林保護宣言」。

Linda Wijaya 於二〇一六年的訪談中並沒有說得非常詳細，不過可想而知的是公司內一定出現很多反對的聲音，對於現今來說對於大型企業理所當然、甚至已經擴展至一般民眾認知的環保及 SDGs 概念，對於當時的印尼來說優先考慮環保議題是非常困難的，而在當時的訪談中 Linda Wijaya 說到：「作為家族企業，比起追求經濟上的利益，心情及精神上的富足更為重要」「我認為我有義務推動亞洲紙漿去執行這個改變」。

只是在那之後 Linda Wijaya 轉任至創業投資公司，然後覺察到「我也想要創業」的想法就創立了 SehatQ。而隨著疫情擴大，SehatQ 的業務量及內容也跟著提升，陸續在亞洲紙漿等企業內部提供診療服務，並計畫同步發展線上及線下的醫療服務，並結合金光集團的關係企業如醫院、金融事業體等進行合作，並以擴展數位化服務為目標。

成為創新發展颱風中心的可能性

到這邊為止，我們以了解到力寶集團的 John Riady 以及金光集團的 Linda Wijaya，也稍稍明瞭財閥與新創企業的關係。

就連泰國最大的財閥卜蜂集團都開始涉入電子交易平台，而高登集團也獲得了中國阿里巴巴集團的螞蟻金流（現為螞蟻集團）的投資，於二〇二一年九月成長為獨角獸企業，根據美國彭博的報導指出，高登集團提供的電子錢包服務 True Money 市佔率約53%，而卜蜂集團也進一步將 True Money 服務導入於其直營的便利商店7－11，活用集團的資源以將此服務更廣泛的推廣，且不僅限於泰國，甚至將事業版圖擴展至印尼、緬甸、柬甫寨等東南亞六個國家。

年輕世代的財閥創業家們從歐美大學學習最前端的商業及社會等領域的知識及趨勢，

並活用家族企業及在學期間所累積的人脈，促進新創企業的營運更快速上軌道，並藉由作為財閥的資金實力來促成新創企業的成長及茁壯。

當然雖然年輕財閥們具有身家相關資源的優勢，但當今社會也不是單靠此優勢就能夠保證能夠創業成功，只不過在東南亞市場，財閥出身的創業者真的非常有可能成為創新發展的颱風中心。

第 9 章

在美中兩大強權夾擊的間隙中

新創企業壓倒性的量集中在中美兩國

在美國及中國世界兩大強權的角力下，讓世界科技技術產業的發展蒙上陰影。美國政府打著保護個資安全等的名義，試圖驅逐中國的資訊科技企業，而中國政府也祭出了相應的對抗政策。與此同時，美中兩國也不斷加強控制自身國家過度擴張的巨大企業平台。這一章要帶大家看美中的資訊科技公司，以及其對於東南亞新創企業所帶來的影響。

世界上主要的科技公司大多都集中在美國及中國，美國藉由資訊及通訊科技產業的技術革新領導著世界企業的潮流，矽谷就為其中代表，聚集著許多ＩＴ技術領域的企業以及從世界各方投資領域的熱錢。世界資訊科技產業最具領導地位的四間公司，包括Google、Apple、Facebook（二〇二一年改名為Meta）、Amazon合稱GAFA，再加上Microsoft、Oracle等優質的ＩＴ技術企業，世界最多的科技公司都聚集於此。

而在中國則有「中國版的矽谷」之稱的深圳等科技重鎮，不只是引領著亞洲的資訊科技，也透過持續催生新創企業、甚至是孕育許多巨型ＩＴ企業，為世界帶來巨大的影響。而相對於GAFA，中國方面則有被稱為BAT的百度、阿里巴巴集團、騰訊控股三家中國科技巨擘，而這也是推升中國成為世界第二大經濟體的重要原動力之一。

還有一些專注製造硬體設計和製造的公司，像是智慧型手機及具有網路功能的行動電話等通訊裝置的華為（Huawei）、以及收購了 IBM 的電腦設備部門以及收購摩托羅拉行動電話部門的聯想，以及培養出近年崛起、在價格及性能比上具有優勢的智慧型手機製造商小米及 OPPO 等企業。

除了上述技術純熟的科技公司之外，無數的新創企業在兩國內的科技領域蠢蠢欲動。光是了解市場估值超過十億美元的大型新創企業，也就是所謂的獨角獸企業數量，就能夠知曉兩國在科技領域的豐沛度是凌駕於世界其他各國之上的。德國 Statista 彙整報導指出，二〇二一年四，美國具有世界上最多的兩百八十八間獨角獸企業，位居第二是中國的一百三十三間，第三名則是印度的三十二間，兩國明顯的遠超世界各國。

而相較於美中兩國的狀態，根據這篇報導，東南亞各國的獨角獸企業合計也不到十間，雖然根據 Credit Suisse 的調查是三十五間，仍與美中兩國不在同一個檔次。而新加坡的 Grab 及印尼的知名網路銷售企業 Bukalapak 相繼於股票交易市場上市，從獨角獸企業「畢業」。印尼的知名旅遊預約平台 Traveloka 也預計要上市，可以預見會自獨角獸企業的名單上移除。雖然馬來西亞的 Carsome 及泰國的 Flash Express 等新創企業正緩緩加入東南亞獨角獸企業之列，不過單看數量的話，與被稱為科技技術先進國家的美中兩國相比，還相差甚遠。

打壓科技巨頭 Tech Crackdown 所帶來的的衝擊

二〇二〇年十一月三日的晚上，一股巨大的衝擊席捲了世界各國的股票市場，主要的原因之一是阿里巴巴集團旗下的金融公司螞蟻集團宣布延後於香港及上海首次公開募股（IPO）及上市的計畫。阿里巴巴集團創辦人馬雲回應了此消息，解釋主要原因來自中國銀行保險監督管理委員會的約談，原定二〇二〇年十一月五日史上最大規模公開募股（IPO）金額高達三七〇億美元的上市計畫也因此延宕。

最初，大部分的人士普遍認為，這是由於中國當局對馬雲個人言論有意見，而不是要打擊科技公司。而馬雲在同年十月於上海的演講中說：「優良的創新並不是害怕監督，而是害怕監督的方法」，而這一席發言推測是來自於其對於當局金融機關過時的監督管理辦法及上市計劃受阻的不滿。

舉例來說，路透社於同年十一月七日刊登標題為：「不當發言惹禍，導致螞蟻集團上市計畫延宕，馬雲的大誤判」的報導。

而據路透社走訪當局政府官員、相關企業幹部及投資者們都認為，馬雲過激的言論衍生了一連串的連鎖反應，最後導致阿里巴巴集團旗下提供電子支付「支付寶」服務的螞蟻集團上市計畫被一再延後。而也正因為如此，馬雲的言論不僅傷害與中國當局的情感，也因而造成金融監管機關（中國人民銀行、中國銀保監會、中國證監會、國家外匯管理局等）及中國共產黨招致大量批判，卻也為馬雲一手建構的「金融帝國」遭受政府當局的嚴厲制裁留下伏筆。（路透社）

不過事實上，馬雲這樣樂觀的看法也漸漸的被現實所背棄。

「我們應該修正平台經濟的缺點，並引領市場環境朝技術革新的方向去改變，解決主要的問題及矛盾，集中精力在促進發展健全且永續的平台經濟。」

而上述的觀點節錄於中國國營媒體新華社報導，中國國家主席習近平於二〇二一年三月十五日第九次中央財經委員會「所進行的重要演説」。而在習近平的發言被報導後，中國政府當局以違反反壟斷法等理由開始嚴格審查科技公司，而發展至此狀況，也可以瞭解到造成嚴格審查並不單單只是因為馬雲的失言這麼簡單。

在二〇二一年四月，阿里巴巴集團因強迫供應商不得與競爭對手企業進行商業交易等事宜被裁定約二十二億美金的天價罰金，而也是中國歷史上因違反反壟斷法而導致的最高罰款。

而這個重槌並不僅朝向阿里巴巴集團，同年二〇二一年五月騰訊控股也因為違法蒐集個人資料而被要求限期改正，營運知名網路銷售通路京東集團、提供零售配送等多面向服務的美團等十三間企業都被其中央銀行中國人民銀行點名，必須接受全面的監督及指導，也得以感受到中國政府執行監督政策「不會讓企業自由發展」的「決心」。

而新創企業也無法幸免於難，中國車輛派遣服務龍頭企業滴滴出行於二〇二一年七月被勒令下架 APP，而也導致無法招募新的客戶，對於科技公司來說無疑是一大嚴格禁止措施，而政府當局也針對滴滴出行收集處理客戶個人資料進行相關調查，不過並沒有公布其違法的細節。

而同年二〇二一年六月底，滴滴出行於美國存託憑證登記股票上市。根據歐美國家媒體的報導指出，中國政府擔心中國企業於美國上市個資會外洩，雖然要求滴滴出行不要在美國上市，不過滴滴出行還是無視中國政府的請求、執意於美國上市，而也因此碰觸到了中國政府當局的底線，僅僅五個月後滴滴出行的紐約上市計劃就宣告廢止。

中國政府至今都施行著提倡民營企業自由經營、規劃振興ＩＴ產業的政策。只不過隨著貧富差距的日漸擴大，在習近平主席的領導下，雖然中國產業豐富，不過某種程度上來說也象徵擴大了貧富差距，因此必須加強對於知名科技公司的監督。在二〇二一年歐美媒體對中國當局「緊縮」及「抑制」中國科技公司稱為「Tech Crackdown」及「China Tech Crackdown」也被大肆的報導。

根據彭博的報導指出，在中國政府當局緊縮政策強化以後，中國主要的科技公司的市值共減少一兆美元，根據日本經濟新聞二〇二一年十二月的電子報指出，針對二〇二一年末世界企業市值排名，中國知名企業都已消失在前十名之列，與上一年末阿里巴巴集團及騰訊控股雙雙進入前十之列的榮景已不復存在。

就算是美國也強化了科技技術的規範

中國是如此，那美國又是如何呢？美國則是與中國不同形式的政策對科技公司颳起一陣旋風。這邊就要來介紹，二〇一七就任的川普總統以及於二〇二一年總統大選勝選的拜登總統對於科技公司政策的方向。

提倡「美國第一」主義的川普總統，對作為超大型且持續成長的中國施行激烈的制裁政策，而其中最廣為人知的就是貿易限制，也就是世人所稱的中美貿易戰，而就川普總統所說，這一政策主要是為了「消除中美兩國貿易的不平等」，對於許多美國人來說也是解決中國問題的特效藥。

在美中貿易的衝擊下，各式各樣的中國企業遭受劇烈的衝擊，而科技公司也無法獨善其身。美國政府對於中國通訊裝置大廠華為透過通訊設備洩漏個資或是國安機密抱有極大的懷疑，因此全面禁止美國國內使用華為的通訊裝置，而且當時為各國相繼投入大量資金及人力來構築 5G 網絡這一特別的時期，導致華為被排除在 5G 之外，而美國的其他同盟國相繼祭出此措施，華為也因此被大部分的歐美市場拒之門外。而在這之後的二〇一九年五月，美國商務部也因為華為有造成國家安全問題的疑慮，而將其列為具安全疑慮的外國企業，而Google則是停止提供Android作業系統給華為，華為也不得不改為搭載其獨立的作業系統。

「這個風險是真的！」川普總統於二〇二〇年八月六日發布總統令，指出在年輕族群具有高人氣、讓用戶拍短影片的APP抖音（TikTok），洩漏個人及國家資訊符合中國共產黨的審查，並要求其於四十五天內出售其公司。不過這個出售命令卻沒有實現，拜登政府上任後雖然修改了對中國企業的政策，不過針對中國科技領域的風暴仍會持下去。

美國財政部於二〇二一年十二月公告限制中國的ＡＩ企業商湯科技（Sense Time）投資相關的限制，而主要是因為其被認為是迫害中國新疆維吾爾自治區信仰伊斯蘭教少數民族的幫兇。商湯科技雖然具有優秀的ＡＩ技術，也獲得日本軟銀集團的投資，不過美國財政部卻認為商湯科技開發了一款臉部識別系統——「可以識別目標的種族，重點是識別維吾爾族」，而被批評為中國當局政府壓榨維吾爾族的幫兇。

而美國政府的政策並不僅限於中國企業，對於美國本國的大型科技公司的規範也日漸增強，而導致如此的背景主要是因為，科技領域企業被批判具有引發消費者和勞工詐騙以及獨佔市場利益等的疑慮。

拜登政權於二〇二一年六月任命哥倫比亞大學法學院準教授 Lina Khan 擔任負責美國禁止市場獨佔事宜的聯邦貿易委員會（FTC）的委員會長，並呈報與上議院。Lina Khan 為主張規範大型 IT 產業的反壟斷法專家，作為批判科技公司的先鋒、於學界冒出頭的明日之星。

拜登政權於美國國家經濟委員會（NEC）主責科技技術及競爭政策領域，同時為總統特別輔佐官，則由對少數巨大 IT 企業獨佔數位化市場提出批判的哥倫比亞大學法學院正教授吳修銘擔任。

在美國上議院的公聽會上，企業內部的告發者提及 Facebook「促使孩童沉浸在 Instgram 之中」的證詞，並批判 Facebook 比起消費者的安全，更優先考慮公司的利益，不過想當然耳 Facebook 對於此批判全盤否認。另一方面，在越南等部分的國家，Facebook 被批判「為了讓公司可以順利持續地營運並避免與當地政府衝突」提供使用者的資訊給政府當局。

東南亞市場竄起的「淘金熱潮」

在前面所提到的是世界的兩大經濟體美國與中國強化科技公司及新創企業的規範政策，而下面要提說明的是，因為美中兩國的動作為東南亞新創企業帶來的影響。

就如同前幾章所述，Sea、Grab以及Gojek與Tokopedia合併的GoTo集團，不只是成熟穩定的巨大新創企業體，世界的投資熱錢也前仆後繼地流入。

根據熟悉風險投資訊息來源的Deal Street Asia的數據，二〇二一年一到六月對於東南亞新創企業的投資金額為一一七億美元，遠勝在Covid-19疫情擴大之前的二〇一九年一到六月。雖然在二〇二一年上半年印尼等國家因Delta變異株的疫情嚴峻，導致各國政府限制民眾外出等影響經濟活動發展，不過完全不影響世界投資熱錢流入東南亞市場的趨勢，總括二〇二一年整年度對於東南亞的投資金額達到二五七億美元，是上一年的二點七倍，遠超二〇一八年的峰值，依照這個發展趨勢，日本經濟新聞的英文報章《本經濟新聞》也以「淘金熱潮」為標題進行了詳細報導。

印尼等國也迎來了空前的創業潮，如果住在東南亞的話，可以深刻地感受到日新月異創新的服務出現在東南亞市場，CNBC印尼頻道報導印尼現在共有二〇七〇間新創企業。

二〇一七年印尼的通訊和信息技術部長魯迪安達拉誇下海口，目標在二〇二〇年為止「完成一千間新創企業」，當時Gojek、Tokopedia及Traveloca都還只是默默無聞、少有人知的新創企業而這樣的國家卻想要達到一千間新創企業的目標，老實說真的有如癡人說夢，不過就結果來說孕育的新創企業數量更是遠超原訂的目標，並為印尼的經濟帶來更進一步的創新，成長速度之快更驚呆了世界各界。

作者（鈴木）於二〇一九年住在雅加達的時候，切身體會到印尼驚人且瘋狂的成長的一部分。當時作者在雅加達市中心區某間悠閒的咖啡廳內，鄰座的年輕女性正在向看起來像投資者的男性進行簡報，而簡報資料中提到「明年的使用者數預計來到一百萬人」、「事業體能夠順利發展」。

而上面的對話持續了約三十分鐘，該位年輕女性對投資者們展示對於自身企業強烈的熱情及信心，雖然不知道最後這些投資者們是否有投資這個新創企業，不過作者待在雅加達的時間裡，就不知道看過多少次創業家們正在向投資者進行簡短的勸募簡報說明創業事宜。

包含美國在內的世界各國中央銀行所施行的貨幣寬鬆政策造成大量的熱錢流入市場，世界的投資者也持續的在世界各國市場尋找有潛力的投資物件，二〇二二年開始世界各國轉為金融緊縮的步調，但仍然有大量的投資者正在注視著東南亞市場。

高度的經濟發展帶動新創企業的成長

對於東南亞新創企業的投資，並不單單只是來因為國際熱錢過剩的短暫現象，有非常高的可能性是一股穩定且持續成長的資金流動趨勢。在這邊要對內部隱藏的細節進行說明，就讓我們再一次審視東南亞經濟的狀況及背景吧。

亞洲開發銀行於二〇二一年十二月所發表的「亞洲發展展望」的修訂版中提到，東南亞二〇二一年的國內生產毛額約成長３・０％，比起於同年九月時的預估成長的幅度有微微下調，不過仍是自二〇二〇年負成長的４・０％成功轉正。

亞洲開發銀行（ADB）的報告中提到，預期二〇二二年東南亞的國內生產毛額會成長５・１％，而這個數字相較美國的（３・９％）、歐盟國的（４・５％）、日本的（２・９％）預計達到更高的成長率，而考量到了疫情再擴大的可能性以及俄羅斯入侵烏克蘭等影響市場發展的多個不確定因素，不過如果在疫情趨緩後，也期許世界各國的經濟狀況能夠回到更高的經濟成長水平。

而若是針對個別國家的狀況的話，預期擁有東南亞最大經濟規模的印尼會在二〇二二年回復到５％的高成長水平。而近年來在經濟成長方面繳出優秀成績單的越南及菲律賓也將回到高成長的軌跡，越南也將取代中國成為高科技產業及投資熱錢最新的聚集中心，除了韓國的三星電子也將製造據點設置於越南之外，美國Apple也開始將一部分的產品製造工廠移至此處。

而「人」也是一重要因素，人口為推動經濟成長的重要基本要素，包含擁有世界第四多人口的印尼、全國總人數約有一億的菲律賓等東南亞國家協會十個國家擁有超過六億六千萬人，雖然與人口總數近十四億人的中國以及印度相比只有一半左右的程度，不過相較日本、美國及歐盟國等國家相比，人口仍是佔有優勢。

與先進國家相比，人口組成較為年輕也非常積極的在協助人民獲取知識。而超越國家框架的整合性事業體也在東南亞市場內穩健且持續發展，截至二〇二二年一月包含東亞區域在內的區域全面經濟夥伴協定正式生效，以東南亞國家協會為核心的整合性事業體正蓬勃的發展。

而且國民具有很高的創業意願，根據統計各國創業意願等項目的「全球創業觀察」調查顯示，各國十八到六十四歲的國民考量在三年內創業的比例，印尼為26％（二〇二〇年）、泰國為31．5％（二〇一八年）、越南為25％（二〇一七年），各國佔比之高難分軒輊，更遠超美國的（12．5％）、中國的（21．4％），另一方面，日本則僅有4．3％。可見擁有年輕化人口組成的東南亞人們擁有更強的挑戰精神來成為新創企業浪潮的中流砥柱。

另外還有一個重要因素，那就是高經濟成長背景的市場，居住在東南亞的人們生活型態正在急遽的改變，而這個改變也擴展到生活中的每一個面向，脫離貧困及擁有更高收入後轉變為中產階級以及接受高等教育的人們都在持續的增加。

舉例來說，除了發展的較早的新加坡之外，大部分東南亞國家人民個人的交通方式都是以摩托車為重心，因此隨著國家經濟成長，各國摩托車的銷售量也跟著提高。

而印尼及菲律賓等海島國家，民眾的交通方式則是以快艇及船為主，這一現象也催生了以馬來西亞為發展據點的亞洲航空集團（現為 Capital A）以及獅子航空等廉價航空，來提供價格便宜且更加迅速的交通方式。約於二〇一五年進一步的出現了 Grab 及 Gojek 等提供民眾更輕鬆快速地交通方式的企業，而這類服務也快速普及於東南亞市場，配合商業及觀光需求的衍生需求也因應而生。

美中對立造就東南亞市場衍生的優勢

美國與中國間的對立，對於東南亞經濟體來說也可能帶來相應而生的優勢。包含美國拜登政權在內七大工業國組織（G7）共同推動了名為「重建更好世界」（Build Back Better World）來對抗中國國家主席習近平所提倡的「一帶一路」政策，也進而加劇了各國基礎建設的競爭，競爭範圍也從基礎建設擴展至其他領域，其中就包含科技技術領域，致力發展數位化的東南亞市場就成為美中兩國反覆角力的重點，事實上就不乏美中兩國的知名企業對 Grab 及 GoTo 集團進行投資。

中國及美國對於科技公司政策緊鎖也是資金流入東南亞市場的重要原因之一。一般來說東南亞國家對於科技相關的限制相比美中等先進國家更為寬鬆，而其中最具代表性的就是被稱為資料在地化規範，要求企業需要將蒐集到的個人及企業資料都留在國內的規範。

中國於二〇一七年六月通過網絡安全法，限制將個人資料等資訊傳輸至中國以外的國家。歐盟（EU）則於二〇一八年五月嚴格執行一般資料保護規則，針對由歐盟國及歐洲自由貿易聯盟的加盟國所構成的歐洲經濟區，要求企業禁止將區域內的個人資料移轉以及對相關數據進行妥善處理等，若有企業違反相關規定，將被罰款企業年營業額2％或是一千萬歐元的高額罰金。

而東南亞方面，雖然印尼等國家已經導入了限制將數據資料移轉至國外的規範，不過一般來說規定並不像先進國家及中國那樣的嚴格，對於透過活用使用者的個人資料及使用紀錄來進行行銷及服務開發都相對容易，而這也同時協助推動了市場的創新。

進一步改善商業環境的關鍵

東南亞各國若是想要聚集更多來自世界的投資的話，就需要著手改善相關規範，更進一步的促成新創企業的成長。

舉例來說，與新創企業成長息息相關的金融科技領域，新加坡、泰國及印尼就導入了可以容許提供實驗性金融服務的沙盒（Sandbox）制度。越南政府也自二〇二一年修正了投資相關法律，並接續新加坡及香港成立亞洲第三個創業中心來促進金融科技產業的成長，並持續制定及修正制度以促進沙盒設定及加密資產的活用。

就連日本也於二〇一八年六月，以生產性提升特別措施法為基礎，導入沙盒制度，而二〇二一年六月則將相關規範統一明訂於修正後的產業競爭力強化法，不過監管規範仍然非常多，落後於世界新創企業的狀態還是什麼都沒有改變。

至此介紹了東南亞各國與先進國家相比，相對寬鬆的科技技術領域規範，再加上寬鬆的沙盒相關制度以及促進振興新創企業的導向，以下將為大家介紹投資環境相關的課題。

若是看了世界銀行集團對各國商業環境投資的友善程度進行總結的「Doing Business 2020（經商環境報告 2020）」，能夠看到於調查過程中發現部分內容存在疑慮，本書所使用的是修正後的數據。

大部分的狀態來看，東南亞的商業環境是尚在發展中的，綜觀全球一百九十個國家及區域，除了排名第二的新加坡之外，其餘的東南亞國家都有許多要改善的問題。

首先就要先來看看其中與新創企業也有很深淵源的項目「開始創業的容易度」，這一項目是透過評比與創業息息相關的公司登記所需的相關認證及作業所需要的時間。新加坡在這一項目的評比上獲得世界第四的成績，而另一方面馬來西亞雖然在「商業營運的容易度」被評比為第十二名，不過卻在「開始創業的容易度」這一項目倒退為第一百二十六名。而其他國家在此項目的評比分別為：泰國第四十七名、越南第一百一十五名、印尼第一百四十名的狀態，可見每一個國家都有自己的課題需要克服，順帶一提，在這個項目美國被評為第三十名，日本則是在第一零六名。

孕育出具有魅力的新創企業，並藉此向世界募得更多的資金以增進經濟發展。而為了實現這樣的夢想藍圖，進一步鬆綁相關規範是勢在必行的。而且對於投資者來說營造更有魅力的商業投資環境，大大左右了新創企業的成敗。

對能夠動搖商業模式的零工進行保護

與美國、歐洲及中國等國家相比，東南亞各國家對於科技公司的政策規範上是相關寬鬆的，而這就是引領世界的資金流入並支撐其快速成長的一大要因。

只不過對於世界各國廣泛的科技技術領域所孕育出全新的服務而產生的社會問題及論戰，東南亞市場也無法幸免。這邊想要以東南亞快速增加的零工所遭受世界非議為例來說明此現象。

二〇二一年八月，美國做出左右技術產業方向的重要判決。美國加州的高等法院主張以下規定違反憲法：「將從事車輛派遣及宅配服務的司機，從勞工適用的勞基法加利福尼亞州22號公投提案中排除。」

加利福尼亞州22號公投提案對於美國知名的Uber Technologies及同業的LYFT等車輛派遣服務企業具有非常大的益處，並於二〇二〇年公投案中通過。而國際極具影響力的人權團體人權觀察及國際特赦組織於同年二〇二〇年的十一月發表共同聲明，針對公投通過的加利福尼亞州22號公投提案，抱持極大的疑慮——「通過此法案大大侵犯了加利福尼亞州使用APP的企業提供勞動的勞工權利，而這樣的做法對於美國亦或是世界都是危險的先例」。

Uber Technologies及LYFT等車輛派遣服務企業則主張，對於從事車輛派遣及宅配服務的司機來說，是作為個人來承攬此工作並獲得對價的酬勞。雖然相應配送次數的不同，大多的企業會給予不同程度的獎金，不過簡單來說，這份工作並不是定額支付時薪或是月薪的模式，而是針對每一次的配送承攬來提供報酬。

這種方式的優點是，比起僱用員工可以吸引更多的司機。配備大量駕駛員，事業規模也容易跟著擴大，使用者的等待時間也可以跟著降低。而且隨著導入使用者評比司機的模式後，也可以從為數眾多的司機中挑選高品質服務的司機，進而提升服務品質。可以做為主要工作的本業或是只在假日從事為副業，也能實現讓學生能夠於暑假自由輕鬆打工的彈性。

另一方面，零工的工作模式也漸漸顯露絕對不是讓未來充滿希望的美好工作。總而言之，因為不被視為公司的員工，以至於無法享受各國勞工保護法對於勞工相關的保障及福利，也成為備受世界關注的問題。

被排除在勞工保護法的適用範圍之外，代表著無法獲得世界多數國家推動最低工資等相關政策的保障，而追根究柢，科技公司端也沒有保障承攬司機生活的義務，因為從制度上來說，這些司機並不屬於科技公司的員工，所以也不適用於法律的規範。

第 3 章有提到印尼的司機們組成勞工聯盟等團體，要求「加薪」的示威運動及抗議活動屢見不鮮。不過對於被稱為服務平台的這些科技公司，也很難保證可以清楚知道承攬工作的零工到底是誰。

而在某種程度上，加州高等法院的判決是極具突破性的，若是最高法院維持原判決的話，這些司機就將被聘為這些服務平台的正式員工，也得以獲得最低薪資及勞工保險等相關的保障。

相反的若是以企業的角度來看，理論上對於所有在 APP 登錄提供運輸服務的司機，都必須支付最低薪資等基本保障。而若是事態演變至如此的話，企業端恐怕不得不「解雇」大部分於 APP 登錄的司機，而剩下的司機將被大幅調整工作的自由度並嚴格的規定出勤時間等工作相關內容，恐怕車輛派遣服務的獨特商業模式也終將瓦解。

坐擁美國創新企業發源地矽谷的加州，可想而知的是其所做的司法判決將大大的影響世界科技技術領域的規範。

東南亞也無法漠視世界的潮流

服務平台與第一線勞工們間的衝突仍舊持續著，而中國也無法全身而退，中國的交通運輸部於二〇二一年十一月底公開發表了針對車輛派遣服務司機所制定的權利保護相關規範，對於企業端來說，被賦予提供司機包含勞工保險及適當休息時間等義務。而根據路透社的報導，中國政府當局認為「應該改善車輛派遣服務企業的利益分配結構」，進而強化相關規範。

受益於前任國家主席鄧小平開始推動的改革開放政策，中國躍升為世界第二大經濟體，就如同這一章節前段所述，二〇二〇年代創建的民間科技技術領企業成長為世界數一數二的企業體，可是也因此加劇了貧富差距，就社會主義的觀點來看，也成了無法置之不理全球共通的社會問題。

中國國家主席習近平於二〇二一年八月十七日舉辦的中國共產黨中央財經委員會的演說中提倡「共同富裕」，而這正好也可以說明前面所述針對中國科技公司的政策緊縮，與其推動縮小貧富差距具有一定的關係。

而對於中國市場來說，零工及其衍生的問題也不容小覷，若不解決大型車輛派遣服務平台對於勞工壓榨的商業模式的話，將造成非常大的社會反彈，更糟糕的情況，民眾還可能將矛頭進一步轉向一黨獨大的政治體制。而透過針對車輛派遣服務所擬定的新規範，就是要讓相關企業公開其獲利狀況，來避免民怨進一步的擴大。

就算是主力戰場於東南亞市場的企業，仍舊對上述相關的動作保持高度警戒。在美中兩國加強勞動者相關法律之前，東南亞相關企業的經營者就持續的關注這個問題。原任Gojek共同CEO的Andre Soelistyo（現任GoTo集團CEO）於二〇二〇年一月的採訪中就曾提到：「（如果將這些司機認定為員工的話）服務的商業模式也終將瓦解。」，從他的言談中就能夠感受到對於此議題抱有極高的警戒。

東南亞市場表面上雖然沒有規定要將司機認定為公司員工這樣的強制法律規範，不過就如第1章提到的，新加坡李顯龍首相公開表示要重新檢討針對司機等零工的保護政策。對於東南亞科技技術領域企業的經營者來說，要同時維持著企業的高度成長，又要同時持續提供能讓於第一線實際提供消費者服務的勞工滿意的報酬，企業營運的走向成為極為困難的課題。

結語

我們開始寫這本書的動機之一就是是否有必要讓更多的日本人瞭解到東南亞朝氣滿滿的經濟市場現象。而隨著文章的撰寫更加強了「日本必須要向東南亞市場學習」的想法。

就如同馬來西亞的「向東學習政策」一樣，日本自第二次世界大戰以後，持續提供東南亞技術、資金及知識等，不過對於日本來說只是單方面的教導，卻沒有從中學習，而日本的國民也自然而然的將這樣的刻板印象烙印在意識中，可是在東南亞持續蓬勃發展的新創企業經濟現況下，從根本去轉換思考方式是日本國民迫在眉睫的課題。

中國持續於經濟、政治、軍事領域上，對冷戰結束後，穩坐世界經濟及軍事寶座的美國發起挑戰，形成讓人頭暈目眩的國際局勢，而也是所謂威權主義及民主主義衝突引發的「第二次冷戰」。而另一方面，於二〇二二年二月二十四日發生了俄羅斯入侵鄰國烏克蘭的侵略事件，不只破壞了歐洲的和平、更是動搖了國際秩序。而若是將目光轉向經濟領域，亞洲及非洲等區域的新興國家正持續著高度的經濟成長，默默的在國際舞台上嶄露頭角。

在國際秩序經歷巨大改變的國際局勢下，日本也很難斷定是否還能夠持續維持世界第三大經濟體的地位，如果不因應潮流改變的話，在東南亞各國持續成長的國際局勢中，日本也終將失去立足之地。

日本經濟團體聯合會（經團聯）於二〇二二年三月提出促進孕育新創企業的建議，目標五年間孕育十萬間新創企業以及培養出一百間獨角獸企業，也展現了日本前所未見的野心。雖然法律規範上的充足協助是非常重要的，不過促進創業的產業結構、鼓勵挑戰創業的意識形態改革以及孕育勇敢作夢的文化等都是不可或缺的重要因素，而要讓新創企業經濟在日本生根，不只是要取經自美國及中國，自東南亞學習相關經驗更是不可缺少的一環。

日本市場也是以年輕創業者為中心，透過商業模式來解決社會問題的「社會創業」也漸漸獲得社會大眾的關注。在不久的將來，日本的年經人間必定會出現像本書中所提到的陳炳耀、李小冬、Nadiem Makarimim 及 William Tanuwijaya 等這般極具個人魅力、能夠放眼世界的企業經營者，也希望本書所記載我們撰寫的成果，能夠成為承擔著日本未來的經營者一點點的助力。

本書書寫的過程中，收到了許多人的協助及建議，由衷感謝在新加坡分部及雅加達分部協助一同進行採訪的岩本健太郎、谷翔太朗、鈴木亘、Bobby Sgroho 以及日本經濟新聞的同事們，雖然無法記得所有幫助過我們的大家的名字，我們打從心底表達最深的感謝。

最後，想要感謝寫作期間靜心守候著我們的家人們。

中野貴司
鈴木淳

高寶書版集團
gobooks.com.tw

RI 373
東南亞獨角獸大商機
世界經濟版塊大洗牌！
放眼全球最具潛能的新創發展地，各方投資湧入的關鍵吸金力
東南アジアスタートアップ大躍進の秘密

作　　者　中野貴司、鈴木淳
譯　　者　謝東富
責任編輯　吳珮旻
封面設計　林政嘉
內頁排版　趙小芳
企　　畫　鍾惠鈞

發 行 人　朱凱蕾
出　　版　英屬維京群島商高寶國際有限公司台灣分公司
　　　　　Global Group Holdings, Ltd.
地　　址　台北市內湖區洲子街88號3樓
網　　址　gobooks.com.tw
電　　話　（02）27992788
電　　郵　readers@gobooks.com.tw（讀者服務部）
　　　　　pr@gobooks.com.tw（公關諮詢部）
傳　　真　出版部（02）27990909　行銷部（02）27993088
郵政劃撥　19394552
戶　　名　英屬維京群島商高寶國際有限公司台灣分公司
發　　行　希代多媒體書版股份有限公司/Printed in Taiwan
初版日期　2023年 05 月

國家圖書館出版品預行編目（CIP）資料

東南亞獨角獸大商機：世界經濟版塊大洗牌!放眼全球最具潛能的新創發展地,各方投資湧入的關鍵吸金力 / 中野貴司, 鈴木淳著；謝東富譯. -- 初版. -- 英屬維京群島商高寶國際有限公司臺灣分公司, 2023.05
面；公分.--（RI；373）
譯自：東南アジアスタートアップ大躍進の秘密

ISBN 978-986-506-723-6（平裝）

1.CST: 創業　2.CST: 創業投資　3.CST: 東南亞

494.1　112006650

GOBOOKS
& SITAK
GROUP©